中国劳动关系学院精品课系列教材

安全系统工程

许素睿　编著

上海交通大学出版社
SHANGHAI JIAO TONG UNIVERSITY PRESS

内容提要

本书内容包括绪论、安全检查表、预先危险性分析、故障类型和影响分析、危险和可操作分析、事件树、事故树、安全评价、安全预测、安全决策等共十二章。

本书的特色及创新主要体现在以下几个方面：一是学科知识体系完整，内容涵盖系统安全分析、系统安全评价、系统危险控制、安全预测和安全决策，每种系统安全分析方法自成一章；二是强化理论联系实际，例题均结合工业实际，且每章末尾也有一定数量的练习题；三是应用型习题提供答案解析，便于学生自学。

本书可作为安全工程及相关专业本科教材，也可供安全、防灾等方面研究人员学习参考，同时可作为生产经营单位安全管理及技术人员的教育培训教材。

图书在版编目（CIP）数据

安全系统工程 / 许素睿编著. —上海：上海交通大学出版社，2015
（2024 重印）
ISBN 978 - 7 - 313 - 13805 - 7

Ⅰ.①安⋯　Ⅱ.①许⋯　Ⅲ.①安全系统工程-高等学校-教材
Ⅳ.①X913.4

中国版本图书馆 CIP 数据核字（2015）第 229584 号

安全系统工程

编　　著：许素睿
出版发行：上海交通大学出版社　　　　　　地　　址：上海市番禺路 951 号
邮政编码：200030　　　　　　　　　　　　电　　话：021 - 64071208
印　　刷：上海万卷印刷股份有限公司　　　经　　销：全国新华书店
开　　本：787mm×960mm　1/16　　　　　印　　张：15.25
字　　数：284 千字
版　　次：2015 年 10 月第 1 版　　　　　　印　　次：2024 年 1 月第 2 次印刷
书　　号：ISBN 978 - 7 - 313 - 13805 - 7
定　　价：42.00 元

前　言

　　根据安全工程本科专业的要求和规定,安全系统工程是安全工程专业的专业基础课程,是本专业的主干学科,在安全工程本科学科建设中起着重要作用。在继续深造方面,该课程被很多高校和科研院所列为安全工程专业攻读硕士和博士学位入学考试的专业课考试课程。在资格考试方面,安全系统工程是目前我国注册安全评价师考试的主要课程,还是我国注册安全工程师考试的基础课程。在职业生涯中,安全系统工程是安全工程专业学生从事安全管理和安全技术工作所必备的基本功,在中国劳动关系学院组织的第三方课程反馈中本课程被已毕业的学生公认为 100% 需要。在生产实践中,安全系统工程为改善我国安全工作的面貌作出了重要贡献。据此,作者结合近十年的一线课堂教学经验,编写了这本《安全系统工程》教材,并获得中国劳动关系学院"十二五"规划教材立项。

　　本书作为高校安全工程专业的本科教材,在参考同类教材的基础上,又有其特色及其创新性,主要表现在:一是学科知识体系完整、重点突出。该教材系统地介绍了系统安全分析、系统安全评价、系统危险控制、安全预测和安全决策的主要内容。章节安排上每种系统安全分析方法自成一章,原理方法阐述详细,注重学生对各种系统安全分析方法的理解,与硕士研究生入学考试的理论要求深度相匹配,应用部分用较多实例加以说明。二是强化理论联系实际、学以致用。课程本身对实践性要求非常强且应用范围广泛,应用例题的选择有工业工程也有学生身边的问题;还会选择相同例题用不同的方法进行分析,相同系统不同方法分析能更好地理解各种方法的应用特点;并在教材最后增加了安全系统工程应用实例一章。在理解方法的基础上,更注重对学生应用能力的培养,使学生真正能学以致用。同时结合注册安全评价师考试,与其方法能力的要求相匹配。三是应用型习题提供答案解析,便于学生自学。为了更好地让学生理解相关知识点,每章后面提供一定数量的练习题,同时对应用型的习题附上参考答案,以便学生加深理解和灵活应用。

　　全书共分十二章:第一章绪论、第二章安全检查表、第三章预先危险性分析、第四章故障类型及影响分析、第五章危险和可操作性研究、第六章事件树分析、第八章系统安全分析的其他方法及小结,由许素睿编写;第七章事故树分析,由谢振华编写;第九章安全评价、第十章安全预测、第十一章安全决策、第十二章安全系统工程应用实例,由谢振华、许素睿编写。

　　本书在编写过程中,参考了大量相关的文献资料,在此向这些作者表示最诚挚的谢意。同时也要感谢项原驰为本书所付出的辛苦,尤其是书中大量图表的编写工作。更要感谢中国劳动关系学院科研处为我们提供这样一个能够展示我们多年的教学研究并与大家交流的机会。由于编者水平有限,加之时间仓促,书中疏漏和错误在所难免,敬请读者不吝赐教。

编　者

2015 年 8 月

目　　录

第一章 绪 论

人类社会在发展过程中经历了各种各样的事故,事故带来的意外情况会造成死亡、疾病、伤害、损伤或其他损失,严重制约了经济发展和社会进步。

从事故预防的角度来看,安全工作方法可分为"问题出发型"和"问题发现型"两大类。

"问题出发型"方法是在事故发生后吸取经验教训,制订出预防事故的方法。一个系统发生事故,说明该系统存在某些不安全、不可靠的问题。人们通过对事故的调查、分析,找出事故原因,采取措施防止事故重复发生。通常采取各种管理和技术措施,如制定法律法规和标准、设置安全机构、进行监督检查和宣传教育,以及防火防爆措施、安全防护设备、个人防护用品等,都属此类。这就是通常所说的传统安全工作方法。

"问题发现型"方法是从系统内部出发,研究系统各构成要素之间存在的安全上的联系,分析可能发生事故的危险性及其发生途径,通过重新设计或变更操作来降低或消除系统的危险性,把发生事故的可能性降低到最小。这就是采用安全系统工程控制事故的方法,即安全系统工程工作方法。

传统安全工作方法是凭经验,事后被动的工作方法。而人们特别是安全工作者希望找到一种方法,能够在事故发生前就预测到事故发生的可能性,掌握事故发生规律,做出定性和定量评价的安全工作方法,以便在系统的设计、施工、运行、管理中对发生事故的危险性加以辨识,并且能够根据对危险性的评价结果,提出相应的安全措施,达到控制事故的目的。安全系统工程就是为了达到这个目标而发展起来的。

第一节 安全系统工程的基本概念

一、安全

安全(Safety)是一种状态,人们免遭不可接受风险的状态。安全是一个相对的概念,对于一个组织,经过风险评估,确定了不可接受风险,那么就要采取措施将不可接受风险降至可允许的程度,使得人们免遭不可接受风险的伤害,进而实现安全。这是从系统安全思想的"安全是相对的思想"对安全的界定。

二、系统

1. 定义

钱学森描述系统（System）的概念时说，极其复杂的研究对象称为系统，即由相互作用和相互依赖的若干组成部分结合成的具有特定功能的有机整体，而且该"系统"本身又是它所从属的一个更大系统的组成部分。

2. 特性

一般来说，系统具有四个特性：

（1）整体性。系统是由两个或两个以上的要素（元件或子系统）组成的整体。构成系统的各个要素虽然具有不同的性能，但它们通过综合（而不是各要素性能的简单相加）形成了一个统一的整体，具备了新的特定功能，系统作为一个整体才能发挥其应有功能。

（2）相关性。系统内各要素之间是相互联系、相互依赖、相互作用的特殊关系，通过这些关系把系统有机地联系在一起，发挥其特定功能。例如，一台计算机就是由主板、电源、CPU、硬盘、键盘、显示器等硬件通过特定的关系，有机地结合在一起所形成的一个系统。

（3）目的性。任何一个系统，不论其大小，都具有特定的功能，没有目标的系统是不存在的。特别是人类创造的系统，总是为了实现某一目的而设计、制造出来的。

（4）环境适应性。任何一个系统都存在于一定的环境之中，因此它必然要与周围环境发生物质、能量和信息的交换，以适应外部环境的变化。在研究系统的时候，环境往往起着重要的作用，必须予以重视。适者生存就是这个道理。

3. 功能结构

系统的功能是接收信息、能量和物质，并根据时间序列产生信息、能量和物质。这就要求合理地管理和控制能量、物质和信息的流动，来保证系统的安全和在最优状态下工作。

系统虽然种类繁多，可大可小，但若对其结构进行仔细分析，就可以看出系统主要由三部分组成，即输入、处理和输出，如图1—1所示。任何系统都具有输出某产物的目的，而且一定是先有输入，再经处理，才能得到输出。处理是使输入变为输出的一种活动，通常由人和设备分别完成或联合承担。比如汽车制造厂生产汽车是由入口输入了原材料，经过加工和作业，进行整体装配，这就相当于处理部分，装配好的汽车再由出口输出。这种以物质流动为主的系统称为生产系统。一项计划也可视为输入，经过执行，即处理阶段，最后得到了结果，就是输出。这种以信息流为主的系统称为管理系统。系统处理后的结果，不一定是理想的，这就需要验证和修正,通过改善执行环节来达到预期的目的,这个过程就是反馈。

图 1—1　系统的功能结构示意图

三、工程

工程(Engineering)是指服务于特定目的的各项工作(软硬件)的总体。例如安全工程、环境工程、水利工程、希望工程等。这里所说的工程具有广泛的意义,不仅指与物质、能量等有关的工作,而且包括信息处理、人的行为、心理研究等各个方面。

四、系统工程

系统工程(System Engineering)是以系统为研究对象,以达到总体最佳效果为目标,为达到这一目标而采取组织、管理、技术等多方面的最新科学成就和知识的一门综合性的科学技术。钱学森称"系统工程是组织管理的科学"。

五、安全系统工程

安全系统工程(System Safety Engineering)是指采用系统工程方法,识别、分析、评价系统中的危险性,根据其结果调整工艺、设备、操作、管理、生产周期和投资等因素,使系统可能发生的事故得到控制,并使系统安全性达到最好的状态。

对于这个定义,可以从以下几个方面理解:

(1)安全系统工程的理论基础是安全科学和系统科学。

(2)安全系统工程追求的是整个系统的安全和系统全过程的安全。

(3)安全系统工程的重点是系统危险因素的辨识、分析,系统风险评价和系统安全决策与事故控制。

(4)安全系统工程要达到的预期安全目标是将系统风险控制在人们能够容忍的限度以内,也就是在现有经济技术条件下,最经济、最有效地控制事故,使系统风险在安全指标以下。

第二节　安全系统工程的研究对象和内容

一、安全系统工程的研究对象

安全系统工程作为一门科学技术,有它本身的研究对象。在生产安全领域,系统是指在特定的工作环境中,为完成某项操作任务或特定的功能而整合在一起的人员、规程、设备等。任何一个生产系统都包括三个部分,即从事生产活动的操作人员和管理人员,生产必须的机器设备、厂房等物质条件,以及生产活动所处的环境。这三部分构成一个"人—机—环境"系统,每一部分就是该系统的一个子系统,分别称为人子系统、机器子系统和环境子系统。

1. 人的子系统

该子系统的安全与否涉及人的生理和心理因素,以及规章制度、规程标准、管理手段、方法等是否适合人的特性,是否易于为人们所接受的问题。研究人的子系统时,不仅把人当作"生物人",更要看作"社会人",必须从社会学、人类学、心理学、行为科学角度分析问题、解决问题;不仅把人的子系统看作系统固定不变的组成部分,更要看到人是一种自尊自爱、有感情、有思想、有主观能动性的生物。

2. 机器子系统

对于该子系统,不仅要从工件的形状、大小、材料、强度、工艺、设备的可靠性等方面考虑其安全性,而且要考虑仪表、操作部件对人提出的要求,以及要从人体测量学、生理学、心理与生理过程有关参数出发对仪表、操作部件的设计提出要求。

3. 环境子系统

对于该子系统,主要应考虑环境的理化因素和社会因素。理化因素主要有噪声、振动、粉尘、有毒气体、射线、光、温度、湿度、压力、化学有害物质等;社会因素有管理制度、工时定额、班组结构、人际关系等。

三个子系统相互影响、相互作用的结果就使系统总体安全性处于某种状态,三者之间的关系如图1—2所示。例如理化因素影响机器的精度、寿命甚至损坏机器;机器产生的噪声、振动、温度、尘毒又影响人和环境;人的心理状态和生理状况往往是引起误操作的主观因素;社会环境因素又会影响人的心理状态,给安全带来潜在危险。这就是说,三个相互联系、相互制约、相互影响的子系统构成了一个"人—机—环境"系统的有机整体。分析、评价、控制"人—机—环境"系统的安全性,只有从三个子系统内部及三个子系统之间的这些关系出发,才能真正解决系统的安全问题。安全系统工程的研究对象就是这种"人—机—环境"系统。

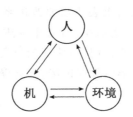

图1-2 人—机—环境关系图

二、安全系统工程的内容

安全系统工程是一种综合性的技术方法,是专门研究如何用系统工程的原理和方法确保实现系统安全的科学技术。其主要包括以下四个方面的内容:

1. 系统安全分析

系统安全分析是安全系统工程的核心内容,是使用系统工程的原理和方法辨别、分析系统存在的危险因素,并根据实际需要对其进行定性、定量描述的一种技术方法。通过对系统进行深入、细致的分析,充分了解和查明系统存在的危险性,估计事故发生的概率和可能产生伤害及损失的严重程度,为确定出哪种危险能够通过修改系统设计或改变控制系统运行程序来进行预防提供依据。所以,分析结果的正确与否,关系到整个安全工作的成败。

系统安全分析的方法有几十种,它们从各个不同的角度对系统的安全性进行分析。每一种系统安全分析方法都有其产生的历史背景和适用条件,各有优缺点。要完成一个准确的分析往往需要综合使用多种分析方法,有时还要相互比较,看哪些方法和实际情况更为吻合。因此,在使用时应首先了解、熟悉系统,并选用合适的、具有特色的分析方法。常用的系统安全分析方法主要有安全检查表、预先危险性分析、故障类型及影响分析、危险和可操作性研究、事件树分析、事故树分析等。

2. 系统安全评价

系统安全评价是以系统安全分析为基础,对系统存在的危险性进行定性和定量分析,得出系统存在的危险点与发生危险的可能性及其严重程度,以得到被评价系统的安全状况。

安全评价可分为定性评价和定量评价。定性评价的结果用大概的度量信息表现,让人们能够知道系统中危险性的大致情况。但这比起用传统安全方法来,已经系统和准确多了。定量评价的结果则能用较为精确的量值表现,以较为直观的数量形式反映安全的状况。只有经过定量评价才能充分发挥安全系统工程的作用,决策者可以根据评价的结果选择技术路线,监管部门可以根据评价结果督促企业改进安全状况。当安全评价的结果表明需要改进系统的安全状况时,就必须采取安全措施,减少危险因素及其发生概率,接着重新进行安全评价,直到达到安全要求。同时也应当评价投入资金的合理性,使安全投资取得最大的安全效益。

常用的安全评价方法有概率风险评价法、火灾爆炸危险指数评价法、模糊综合评价法等。

3. 系统危险控制

系统安全工程的最终目的是控制危险。对一个系统进行安全分析和评价后,针对系统中的薄弱环节或潜在危险,提出调整修正的措施,以消除事故的发生或使发生的事故得到最大限度的控制。

安全措施主要包括安全技术措施和安全管理措施两个方面。通常采用的安全措施有法制手段、安全教育、安全防护装置、改善作业环境、改进工艺过程或修改设计、加强安全管理等。

4. 安全预测和安全决策

安全预测是在分析、研究系统过去和现在安全资料的基础上,利用各种知识和科学方法,对系统未来的安全状况进行预测,预测系统存在的危险种类及危险程度,以便对事故进行预报和预防。常用的安全预测方法有德尔菲预测法、回归预测分析法、灰色系统预测法等。

安全决策是针对生产活动中需要解决的特定安全问题,根据安全法律法规、标准、规范等的要求,运用现代科学技术知识和安全科学的理论与方法,提出各种安全措施方案,经过分析、论证与评价,从中选择最优方案并予以实施的过程。

第三节　安全系统工程的产生及应用

一、安全系统工程的产生

安全系统工程产生于 20 世纪 50 年代末美、英等工业发达国家。这一时期,由于美国在导弹系统研发过程中仅一年半的时间内就连续发生 4 起重大事故,造成惨重损失,从而迫使美国空军以系统工程的基本原理和管理方法来研究导弹系统的安全性和可靠性,并于 1962 年第一次提出了 BSD－Exhibit－62－41《导弹火箭系统安全工程学》;1963 年这份文件被修改成空军规范 MIL－S－38130《军事规范——针对系统、有关子系统和设备安全工程的通用要求》;1966 年 6 月美国国防部将其做了微小的改动,制定了 MIL－S－38130A;1969 年这个规范被进一步修改,形成了美国军标 MIL－STD－882《系统及相关子系统和设备的系统安全方案》，在这个标准中，首次奠定了系统安全工程的概念以及设计、分析等基本原则。该标准起初是针对美国国防部的要求，后来应用于所有系统和产品。该标准于1977年、1984年、1993年及2000年分别进行了四次修订，标准号分别为MIL－STD－882A、MIL－STD－882B、MIL－STD－882C和MIL－STD－882D，前三者标准名称均为《系统安全程序要求》（System Safety Programe Request），2000版名称为《系统安全实践标准》（Standard Practice for System Safety）。这就是由事故引发的军事系统的安全系统工程。

20世纪60年代中期，英国建成了系统可靠性服务所和系统可靠性数据库，成功开发了概率风险评价（PRA）技术，从而以概率来计算核电站风险大小以及是否可以接受。到1974年，美国原子能委员会发表了拉斯姆逊教授的《核电站风险报告》（WASH－1400），称作拉氏报告。该报告收集了核电站各部位历年来发生的故障及其概率，采用了事件树和事故树分析的方法，即用各故障数据作输入，对事故进行了定量的评价，从而成功地开发应用了系统安全分析和系统安全评价技术。该报告的科学性和对事故预测的准确性在"三哩岛事件"（核电站堆芯熔化造成放射性物质泄漏事故）得到了证实。这是核工业的安全系统工程。

美国道化学公司于1964年发表了化工厂《火灾、爆炸危险指数评价法》，俗称道氏法。该法经过多年的实践，修改了6次，出版了第7版。该评价法是以化学物质的理化特性确定的物质系数为基础，综合考虑一般工艺过程和特殊工艺过程的危险特性，计算系统火灾、爆炸指数，评价系统损失大小，并据此考虑安全措施，修正系统风险指数。之后，英国帝国化学公司在此基础上开发了蒙德评价法。20世纪70年代日本劳动省发表的评价方法另辟蹊径，它是以分析与评价、定性评价与定量评价相结合为特点的《化工企业安全评价指南》，又称为化工企业六步骤安全评价法。该评价法是一种对化工系统的全过程如何进行评价的管理规范。它不仅规定了评价方法、评价技术，也规定了系统生命周期每个阶段用哪种评价方法、如何进行评价等方面。这是化工系统的安全系统工程。

民用工业也存在安全系统工程的诞生与发展问题。20世纪60年代正是美国市场竞争日趋激烈的年代，许多新产品在没有得到安全保障的情况下就投放市场，造成许多使用事故，用户纷纷要求厂方赔偿损失，甚至要求追究厂商刑事责任，迫使厂方在开发新产品的同时寻求提高产品安全性的新方法、新途径。这期间，在电子、航空、铁路、汽车、冶金等行业开发了许多系统安全分析方法。这也可以称之为民用工业的安全系统工程。

二、安全系统工程在我国的应用

当前，安全系统工程已普遍引起了各国的重视，安全系统工程得到了快速的发展。在我国,20世纪80年代以前,对安全工作给予了高度重视,取得了很大的成绩。但是由于采取"问题出发型"的安全工作方法,虽然每年花费了大量的资金,但仍没有从根本上解决安全问题。

20世纪70年代末期,钱学森教授提出了"系统工程是组织管理的科学"这一著名论断以后,我国安全研究和管理人员深感必须采用系统工程的方法对系统的危险性加以辨识、分析和评价,找出解决问题的措施,防患于未然,这样才能真正改变企业安全工作的被动局面。天津东方化工厂首次应用安全系统工程成功地解决了高危险企业的安全生产问题,为我国各个领域学习、应用安全工程起了示范作用。其后各类企业借鉴引用国外的系统安全分析方法,对现有系统进行分析。1982年,我国首次组织了安全系统工程讨论会,研究了在我国发展安全系统工程的方向,并组织分工进行事故预先危险性分析、故障类型和影响分析、事件树分析和事故树分析等分析方法的研究,同时开展了安全检查表的推广应用工作。到了20世纪80年代中后期,人们研究的注意力逐渐转移到系统安全评价的理论和方法,开发了多种系统安全评价方法,特别是企业安全评价方法,重点解决了对企业危险程度的评价和企业安全管理水平的评价。

目前,安全系统工程在煤炭、冶金、化工、交通、航空航天等部门得到了广泛应用,成立了中国安全生产协会、中国职业安全健康协会等学术机构,有多种含有安全系统工程内容的学术期刊,几十种安全系统工程的专著,有100多所高等院校设有安全工程专业,很多高校开设了安全系统工程课程。安全检查表、预先危险性分析、事件树分析、事故树分析等安全分析方法,以及安全检查表评价、作业条件的危险性评价、火灾爆炸指数评价、概率风险评价等安全评价技术得到了普遍应用,计算机也应用于安全系统工程,可用于事故统计分析、事故树分析、安全预测、安全评价、安全专家系统、安全数据库的建立和安全管理信息系统等方面。

三、安全系统工程的应用特点

安全系统工程是一门应用性很强的科学技术学科。几十年来,许多经典的应用范例始终激励人们进行不懈的探索,不断充实和发展其自身的理论体系,以期实现更好的应用效果,这是安全系统工程始终保持快速发展的重要原因。为了进一步促进学科发展,提高其实用性,有必要进一步明确安全系统工程的应用特点。

1. 系统性

无论是系统安全分析、系统安全评价的理论,还是系统安全管理模式和方法的应用都表现了系统性的特点,它从系统的整体出发,综合考虑系统的相关性、环境适应性等特性,始终追求系统总体目标的满意解或可接受解。

2. 预测性

安全系统工程的分析技术与评价技术的应用,无论是定性的,还是定量的,都是为了预测系统存在的危险因素和风险等级。它是通过这些预测来掌握系统安全状况如何,风险能否接受,以便决定是否应当采取措施,控制系统风险。所以,安全系统工程也可称作是系统的事故预测技术。

3. 层序性

安全系统工程的应用是按照系统的时空两个维度有序展开,管理规范的执行,一般是按照系统生命过程有序进行,而且贯彻到系统的方方面面。因此,安全系统工程具有明显的"动态过程"研究特点。

4. 择优性

择优性的应用特点主要体现在系统风险控制方案的综合与比较,从各种备选方案中选取最优方案。在选取控制风险的安全措施方面,一般按下列优先顺序选取方案:设计上消除→设计上降低→提供安全装置→提供报警装置→提出专门规程。因此,冗余设计、安全联锁、有一定可靠度保证的安全系数是安全系统工程经常采用的设计思想。

5. 技术与管理的融合性

前面述及安全系统工程是自然(技术)科学与管理科学的交叉学科,随着科技与经济的发展,人们对安全的追求目标(特别是生产领域)是本质安全。但是,一方面由于新技术的不断涌现,另一方面由于经济条件的制约,对于一时做不到本质安全的技术系统,则必须用安全管理来补偿。所以在相当长的时间内,解决安全问题还必须把技术与管理通过系统工程的方法有机地结合起来。

这些安全系统工程的应用特点应在该学科的理论研究和实际应用中得到充分重视,使安全系统工程发展更快些,应用效果更明显些。

复习思考题

1. 安全系统工程的安全工作方法和传统的安全工作方法有何不同?
2. 什么是系统? 系统有什么基本特性?
3. 什么是安全系统工程?
4. 安全系统工程的主要研究内容是什么?
5. 安全系统工程有哪些应用特点?

第二章　安全检查表

在安全系统工程学科中,安全检查表是最基础、最简单的一种系统安全分析方法。它不仅是为了事先了解与掌握可能引起系统事故发生的所有原因而实施的安全检查和诊断的一种工具,也是发现潜在危险因素的一个有效手段和用于分析事故的一种方法。

早在 20 世纪中期,安全检查表在许多发达国家的保险、军事等部门得到了应用,对系统安全性评价起到了很大作用。随着科学技术的进步和生产规模的扩大,安全检查表引起了人们的高度重视,在各部门和行业生产中得到了广泛应用。我国机械、电子等部门首先用其来开展企业安全评价工作,并于 1988 年 1 月颁布了《机械工厂安全性评价标准》,对保证安全生产起到了积极作用。

第一节　安全检查表概述

一、安全检查表的定义

安全检查表(Safety Check List,简称 SCL)是根据有关安全规范、标准、制度及其他系统分析方法分析的结果,系统地对一个生产系统或设备进行科学的分析,找出各种不安全因素,依据检查项目把找出的不安全因素以问题清单的形式制成表,以便于实施检查和安全管理。安全检查表是安全检查的工具,也是依据。实际上就是一份实施安全检查和诊断的项目明细表,是安全检查结果的备忘录。

二、安全检查表的形式和内容

安全检查表的形式很多,可根据不同的检查目的进行设计,也可按照统一要求的标准格式制作。安全检查表的基本格式见表 2—1。

表 2—1　安全检查表的基本格式

检查时间	检查单位	检查部位	检查结果	安全要求	整改期限	整改负责人
序号	安全检查内容				结论与说明	

安全检查表常采用提问式和对照式两种形式。

提问式是指检查项目内容采用提问方式进行，并用"是（√）"或"否（×）"回答，"是"表示符合要求，"否"表示还存在问题，有待进一步改进。

提问式一般格式见表 2－2。

表 2－2　提问式安全检查表的一般格式

序号	检查项目	检查内容（要点）	是"√"否"×"	备注
检查人		时间		直接负责人

对照式是指检查项目内容后面附上合格标准，检查时对照合格标准作答。

对照式的一般样式见表 2－3。

表 2－3　对照式安全检查表的一般格式

类别	序号	检查项目	合格标准	检查结果	备注
大类分项	编号	检查内容		合格"√" 不合格"×"	

在进行安全检查时，利用安全检查表能做到目标明确、要求具体、查之有据；对发现的问题做出简明确切的记录，并提出解决的方案，同时落实到责任人，以便及时整改。

三、安全检查表的种类

安全检查表依据不同目的和不同对象，可编制多种类型的安全检查表。

1. 根据用途和安全检查表的内容划分

1）设计审查用安全检查表

新建、改建和扩建的厂矿企业，革新、挖潜的工程项目，都必须与相应的安全卫生设施同时设计、同时施工和同时投产，即利用"三同时"原则全面、系统地审查工程的设计、施工和投产等各项的安全状况。检查表中除了已列入的检查项目外，还要列入设计应遵循的原则、标准和必要数据。用于设计的安全检查表主要应包括厂址选择、平面布置、工艺过程、装置的布置、建筑物与构筑物、安全装置与设备、操作的安全性、危险物品的贮存以及消防设施等方面。

2)厂级(公司)安全检查表

主要用于全厂(公司)安全检查,也可用于安全技术、防火等部门进行日常检查。其主要内容包括主要安全装置与设施、危险物品的贮存与使用、消防通道与设施、操作管理及遵章守纪等方面的情况。

3)车间安全检查表

用于车间进行定期检查和预防性检查的检查表,重点放在人身、设备、运输、加工等不安全行为和不安全状态方面。其内容包括工艺安全、设备布置、安全通道、通风照明、安全标志、尘毒和有害气体的浓度、消防措施及操作管理等。

4)工段及岗位安全检查表

用于工段和岗位进行自检、互检和安全教育的检查表,重点放在因违规操作而引起的多发性事故上。其内容应根据岗位的操作工艺和设备的抗灾性能而定。要求检查内容具体、易行。

5)专业性安全检查表

此类表格是由专业机构或职能部门所编制和使用的,主要用来进行定期的或季节性的安全检查,如对电气设备、起重设备、压力容器、特殊装置与设施等进行专业性检查。

2.根据《企业安全生产标准化基本规范》的要求划分

1)综合性检查

综合性检查应由相应级别的负责人负责组织,以落实岗位安全责任制为重点,各专业共同参与的全面安全检查。分厂级综合性安全检查和车间级综合性安全检查。

2)专业性检查

专业性检查分别由各专业部门的负责人组织本系统人员进行,主要是对锅炉、压力容器、危险物品、电气装置、机械设备、构(建)筑物、安全装置、防火防爆、防尘防毒、监测仪器等进行专业检查。

3)季节性检查

季节性检查由各业务部门的负责人组织本系统相关人员进行,是根据当地各季节特点对防火防爆、防雨防汛、防雷电、防暑降温、防风及防冻保暖工作等进行预防性季节检查。

4)日常检查

日常检查分岗位操作人员巡回检查和管理人员日常检查。岗位操作人员应认真履行岗位安全生产责任制,进行交接班检查和班中巡回检查,各级管理人员应在各自的业务范围内进行日常检查。

5)节假日检查

节假日检查主要是对节假日前安全、保卫、消防、生产物资准备、备用设备、应急预案等方面进行的检查。

四、安全检查表的特点及使用范围

1. 特点

安全检查表是进行系统安全性分析的基础，也是安全检查中行之有效的基本方法，具有以下明显的特点：

（1）通过预先对检查对象进行详细的调查研究和全面分析，所制定出来的安全检查表比较系统、完整，能包括控制事故发生的各种因素，可避免检查过程中的走过场和盲目性，从而提高安全检查工作的效果和质量。

（2）安全检查表是根据有关法规、安全规程和标准制定的，因此检查目的明确，内容具体，易于实现安全要求。

（3）对所拟定的检查项目进行逐项检查的过程，也是对系统危险因素辨识、评价和制定措施的过程，既能准确地查出隐患，又能得出确切的结论，从而保证了有关法规的全面落实。

（4）检查表是与有关责任人紧密相联的，所以易于推行安全生产责任制，检查后能够做到事故清、责任明、整改措施落实快。

（5）安全检查表是通过问答的形式进行检查的过程，所以使用起来简单易行，易于安全管理人员和广大职工掌握和接受，可经常自我检查。

2. 适用范围

安全检查表不仅可以用于系统安全设计的审查，也可以用于生产工艺过程中的危险因素辨识、评价和控制，以及用于行业标准化作业和安全教育等方面，是一项进行科学化管理、简单易行的基本方法，具有实际意义和广泛的应用前景。

第二节　安全检查表的编制

安全检查表应由专业干部、有关部门领导、工程技术人员和工人共同编写，并通过实践检验不断修改，使之逐步完善。

安全检查表可以按生产系统、车间、工段和岗位编写，也可以按专题编写，如对重要设备和容易出现事故的工艺流程，就应该编制该项工艺的专门的安全检查表。

安全检查表的编制过程，也是对系统进行安全分析的过程。通过对系统的全面分析，结合有关资料，找出系统中存在的隐患、事故发生的可能途径和影响后果等，然后根据有关法规、规章制度、标准和安全技术要求，完成检查表的制定工作。

一、编制的依据

安全检查表的编制依据：

(1)有关法律、法规、标准、规程、规范及规定。按照相关的规程与标准进行编制,使检查表在内容上和实施中均能做到科学、合理并符合法规要求。

(2)本单位的经验。在结合本单位的经验和具体情况的基础上,编制出符合本单位实际的检查表。编制时由管理人员、技术人员、操作人员和安技人员一起,共同总结本单位生产操作的实践经验,系统分析本单位各种潜在的危险因素和外界环境条件。

(3)国内外事故案例。编制时应认真收集以往发生的事故教训及使用中出现的问题,包括国内外同行业及同类产品生产中的事故案例和资料,把那些能导致发生事故的各种不安全状态都一一列举出来,此外还应参照对事故和安全操作规程等的研究分析结果,把有关基本事件列入检查表中。

(4)系统安全分析的结果。根据其他系统安全分析方法(如事故树分析、事件树分析、故障类型及影响分析等)对系统进行分析的结果,将导致事故的各个基本事件作为防止灾害的控制点列入检查表。

二、编制方法

安全检查表的编制一般采用经验法和系统安全分析法。

(1)经验法。找熟悉被检查对象的人员和具有实践经验的人员,以"三结合"的方式(工人、工程技术人员、管理人员)组成一个小组。依据"人—机—环境"的具体情况,根据以往积累的实践经验以及有关统计数据,按照规程、规章制度等文件的要求,编制安全检查表。

(2)系统安全分析法。根据其他系统安全分析方法对系统进行分析的结果,将导致事故的各个基本事件作为防止灾害的控制点列入检查表。如根据编制的事故树的分析、评价结果来编制安全检查表。通过事故树进行定性分析,求出事故树的最小割集,按最小割集中基本事件的多少,找出系统中的薄弱环节,以这些薄弱环节作为安全检查的重点对象,编制成安全检查表。还可以通过对事故树的结构重要度分析、概率重要度分析和临界重要度分析,分别按事故树中基本事件的结构重要度系数、概率重要度系数和临界重要度系数的大小,编制安全检查表。

三、编制步骤

(1)确定系统。指的是确定出所要检查的对象,检查对象可大可小,它可以是某一工序、某个工作地点、某个具体设备等。

（2）找出危险点。这一部分是制作安全检查表的关键,因检查表内的项目、内容都是要针对危险因素而提出的,所以找出系统的危险点是至关重要的。在找危险点时,可采用系统安全分析法、经验和实践等分析寻找。

（3）确定项目与内容,编制成表。根据找出的危险点,对照有关制度、标准法规、安全要求等分类确定项目,并写出其内容,按检查表的格式制成表格形式。

（4）检查应用。放到现场实施应用、检查时,要根据要点中所提出的内容,一个一个地进行核对,并做出相应回答。

（5）整改。如果在检查中,发现现场的操作与检查内容不符时,则说明这一点上已存在事故隐患,应该马上予以整改,按检查表的内容实施。

（6）反馈。由于在安全检查表的制作中,可能存在某些考虑不周的地方,所以在检查应用过程中,若发现问题,应马上向上汇报、反馈上去,进行补充完善。

综上所述,安全检查表的编制与实施也可用以下十句话概括:确定分析对象,找出其危险点;确定检查项目,定出具体内容;顺序编制成表,逐项进行检查;对照标准评价,做出正确回答;不断补充完善,提出整改意见。

需要注意的是应用安全检查表实施检查时,应落实安全检查人员。为保证检查定期有效实施,应将检查表列入相关安全检查管理制度或制定安全检查表的实施办法。应用安全检查表检查,必须注意信息的反馈及整改。应用安全检查表检查,必须按编制的内容,逐项、逐点检查。做到有问必答、有点必检,按规定的符号填写清楚。

第三节　安全检查表的应用

例1　某厂为做好汽车库防火,拟制定安全检查表。

显然防火的内容很多,所以安全检查的制定范围也可能很广。比如,车库里应设置灭火器,车库位置与明火火源的距离,车库里照明电线的设置要求等。故在进行汽车库防火时,要做什么样的安全检查表,首先应确定出具体的系统,系统边界划定的不同,其内容也就大不一样。假设我们以专用工具—手持灭火器来说明安全检查表的应用。

1. 确定系统——"手持灭火器"安全检查表

当系统确定以后,就应针对所确定的系统,通过标准法规、经验教训、安全要求等,找出系统的危险点。依据 GB50140－2005《建筑灭火器配置设计规范》及 GB 50444－2008《建筑灭火器配置验收及检查规范》来制定。

说明:手持灭火器用于消灭开始状态的火灾,必须保证随用随有,尽可能放在易发生火灾的地点,或放在工作地点以及车间的出入口或过道旁边,以便随时取用。取用灭火器的通道在任何时候都必须畅通无阻。

每种灭火器只能用于一定范围的物质引发的火灾,根据物质及其燃烧特性可以将火灾划分为 A、B、C、D、E 五种。每种灭火器的使用范围可以从出厂标志和使用说明辨别。

根据火灾种类及作业场所(车间)的面积确定配置灭火器的数量,这可根据《建筑灭火器配置设计规范》计算得到。

2. 找出危险点

(1)数量不够;

(2)放置位置不当,难以被人看到;

(3)通往灭火器的通道不畅通;

(4)灭火器失效;

(5)灭火器选型不当;

(6)操作者不熟悉灭火器的操作;

(7)未在所有规定的地点都配上灭火器;

(8)有可能冻结的灭火器未采取防冻措施;

(9)用过的或损坏的灭火器未更换;

(10)工作人员不知道自己工作区域内的灭火器放置位置。

3. 确定项目与内容,编制成表(见表 2—4)

表 2—4　灭火器安全检查表

编号	安　全　检　查　项　目	是或否	备注
1	有足够数量的手持灭火器吗?		
2	灭火器的放置地点能使任何人都容易马上看到吗?(容易看到,加标记且不宜放置太高)		
3	通往灭火器的通道畅通无阻吗?(任何时候通道上不应有障碍物)		
4	每个灭火器上都有有效的检查标志吗?(规定至少每两年由专门人员检查一次)		
5	各灭火器对要扑灭的火灾适用吗?(如湿式灭火器或泡沫灭火器对电气火灾不适用)		
6	操作人员都熟悉灭火器的操作吗?		
7	规定的所有地点都配备了灭火器吗?		
8	灭火药剂易冻的灭火器(如湿式灭火器)采取了防冻措施吗?		

（续表）

编号	安 全 检 查 项 目	是或否	备注
9	用过的或损坏的灭火器是否马上更新了？		
10	每个人都知道灭火器所在地点吗？		

检查人：　　　　　　　　　　　检查日期：

例 2　生产磷酸氢二铵（DAP）的工艺安全检查表

图 2－1 所示为生产 DAP 的工艺流程图。磷酸溶液和液氨通过流量控制阀 A 和 B 加入到带夹套的搅拌反应釜中，氨和磷酸反应生成磷酸氢二铵（DAP），DAP 是个无任何危险的产品。DAP 从反应釜中通过底阀 C 放入一个敞口的磷酸氢二铵储槽内，储槽上有放料阀 D，将反应器出料放入单元之外。

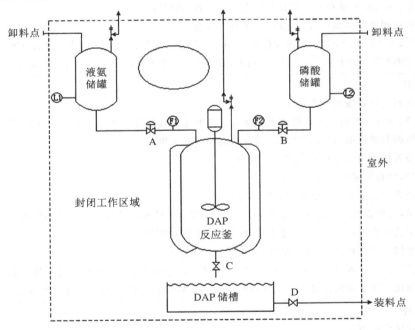

图 2－1　DAP 工艺流程图

如果向反应釜投入磷酸过量（与氨投料速度比较而言），则不合格产品会增加，但反应本身是安全的；如果氨和磷酸投料流速同时增加，则反应热释放速度加快，按照设计，反应釜就有可能承受不住所引起的温度和压力的增高；如果向反应釜中投入液氨过量（与磷酸投料速度比较而言），未反应的氨就会被带入 DAP 储槽，

DAP 储槽中残留的(未反应的)氨将会释放到作业场区,导致操作人员中毒。因此,在作业场区应适当装设氨检测仪和报警器。

参照工艺流程图和操作规程编制的 DAP 工艺安全检查表见 2—5。

表 2—5　DAP 工艺安全检查表

一、物质

问题:所有原材料都始终符合原规定的规范要求吗?

回答:否,氨溶液中的氨浓度已增加,不需要频繁采购,去反应釜的流量已适应更高的氨溶液浓度。

问题:物料的每个单据都核算吗?

回答:是,在此之前,原材料供应商提供的货源一直很可靠,卸料前,罐车的标志和驾驶员身份都经过检查。但是,没有对物料取样或分析物料的浓度。

问题:操作人员使用物料安全数据卡(MSDS)吗?

回答:是,在操作现场和安全办公室每天 24h 放置,随时可用。

问题:灭火器及安全器材放置正确,维护是否得当?

回答:否,灭火器和安全器材放置没有变化,但是工艺单元增设了内部墙,因为新墙的原因,工艺单元内有些地方无法放置灭火器,保持现有装置处于良好状态,并定期进行检测和测验。

二、设备

问题:所有的设备按检查表检查了吗?

回答:是,维修小组按照工厂检查表标准对工艺单元区域的设备进行了检查。但是,据故障树数据和维修部门反映,酸处理设备的检查可能太频繁。

问题:是否按规定制度对安全阀进行检查?

回答:是,检查规定已经得到遵守。

问题:是否对安全系统和联锁装置定期进行测试?

回答:是,与检查规范没有不一致的地方。但是,安全系统和联锁装置的维修和检查工作是在工艺操作过程中进行的,这不符合公司现行政策规定。

问题:维修保养材料(如备用零部件)是否能及时保证?

回答:能。公司本着节约原则维持着较低的库存。预防性维护保养材料和低值易耗品可随时保证。除了重大设备以外的其他所有(设备)都可由当地供应商在 4h 之内提供。

三、规程

问题:有操作规程吗?

回答:有,现行操作规程是 6 个月之前制定的,某些地方做了一些小的变动。

问题:操作人员遵守操作规程吗?

回答:否,最近改动的操作步骤执行起来很缓慢。操作人员认为变动个别条款没有考虑操作人员个人的安全。

问题:新工人进行培训了吗?

（续表）

回答：是，所有工人都接受培训，有详细的培训计划，并定期检查和测试。

问题：交接班交流联系情况如何？

回答：两班之间交接时，有 39 分钟可以互相交流目前生产工艺情况。

问题：服务是否周到？

回答：是，服务比较令人满意。

问题：有安全作业许可证吗？

回答：有，但有些作业活动并不一定要求工艺停止运行（例如，测试或维修安全系统部件）。

例 3　车间用安全检查表

表 2—6 为某车间安全检查表。

表 2—6　某车间安全检查表

序号	检　查　内　容	标准要求	得　分		备注
			标准	实得	
1	新工人上岗前是否进行过安全教育	考试合格	5		
2	班组安全会议是否正常（发言人占 75%）	每周一次	10		
3	交接班检查是否执行操作牌制度	严格认真	5		
4	班组生产设备、安全罩、防护罩是否齐全	完好牢固	5		
5	工具箱是否在规定地点放整齐	分类放齐	5		
6	电器线路是否有乱搭挂、裸露、漏电	绝缘、线路完整	10		
7	电器开关是否有乱搭物和完整	绝缘完整	5		
8	岗位上的除尘罩、管道是否漏灰尘	完整无漏	5		
9	岗位上水冲地坪、胶管是否乱拖放	用完盘好	5		
10	岗位上取暖火炉烟囱是否完好	有外接烟囱	5		
11	安全检查表是否每周检查填报一次	有记录为准	15		
12	事故隐患、整改卡是否按规定填报	有记录为准	15		
13	通道走廊是否畅通	安全无阻	5		
14	水沟、矿槽盖板是否齐全、是否盖严	不影响行走	5		

检查人：　　　　　　　　　　　　　　　检查日期：

复习思考题

1. 什么是安全检查表？

2. 试论述安全检查表的优缺点，适用范围和应用条件。

3. 如何编制安全检查表？

4. 在编制安全检查表时应注意哪些问题？

5. 试编制宿舍用电安全检查表。

6. 你可以编制安全标准化规范要求的安全检查表吗？

7. 试结合金工实习，编制一个车工车间或岗位安全检查表，并应用该表进行安全检查，提出改进措施或建议。

第三章　预先危险性分析

第一节　预先危险性分析概述

预先危险性分析（Preliminary Hazard Analysis，简称 PHA）一般是指在一个系统或子系统（包括设计、施工和生产）运转活动之前，对系统存在的危险源、出现条件及可能造成的结果，进行宏观概略分析的方法。"活动之前"意味着还没有掌握该系统的详细资料。"宏观概略"意味着不详细、不具体，较为笼统，这是一种定性分析方法。

通过预先危险性分析，力求达到以下 4 个目的：大体识别系统存在的主要危险；分析产生危险的主要原因；分析估计危险失控发生事故可能导致的后果；判定已识别的危险性等级，提出消除或控制危险源的措施。

它的特点是把分析做在行动之前，避免了由于考虑不周而造成的损失。预先危险性分析的重点应放在系统的主要危险源上，并提出控制这些危险源的措施。通过预先危险性分析，可以有效地避免不必要的设计变更，比较经济地确保系统的安全性。预先危险性分析的结果，可作为系统综合评价的依据，还可作为系统安全要求、操作规程和设计说明书中的内容。同时，预先危险性分析为以后要进行的其他危险分析打下基础。

第二节　预先危险性分析的步骤

一、熟悉或了解系统

对系统分析之前，需要收集有关资料来弄清楚系统（子系统）的功能、构造，为实现其功能所采用的工艺过程、选用的设备、物质、材料等；需要尽可能从不同渠道汲取相关经验，即其他类似系统以及使用类似设备、工艺物质的系统的资料，包括相似设备的危险性分析、相似设备的操作经验等，例如任何相同或相似的装置，或者即使工艺过程不同但使用相同的设备和物料。

由于预先危险性分析主要是在系统开发的初期阶段进行的，而获得的有关分析系统的资料有限,因此实际工作中需借鉴类似系统经验弥补分析系统资料的不足。通常采用类似系统、类似设备的安全检查表作参照。

二、分析可能发生的事故或潜在危险

根据过去的经验教训及同类行业生产中发生的事故(或灾害)情况,对系统的影响、损坏程度,类比判断所要分析的系统中可能出现的情况,查找能够造成系统故障、物质损失和人员伤害的危险,分析事故(或灾害)的可能类型。

三、对确定的危险源分类,制成预先危险性分析表格

预先危险性分析的结果可采用表格形式进行归纳,所用表格格式以及分析内容,可根据预先危险性分析的实际情况确定。

预先危险性分析工作的典型格式表见表 3-1,包括 PHA 主要工作内容的五个方面:主要危险(事故)及其产生原因、可能的后果、危险性级别以及应采取的相应措施。

表 3-1　PHA 工作的典型格式表

地区(单元):_____	会议日期:_____	图号:_____	小组成员:_____
危险/意外事故	原因	后果	危险等级	措施
简要事故名称	产生危害的原因	对人员及设备的危害		消除、减少或控制危害的措施

预先危险性分析工作表的通用格式如表 3-2 所示,其采用固定项统计格式,便于计算机管理。表 3-2 中所标注的数字为固定统计项。

表 3-2　预先危险性分析表通用格式

系统-1　　子系统-2　　状态-3			预先危险性分析表(PHA)				制表者:制表单位:		
编号:　　　　　日期:									
潜在事故	危险因素	触发事件(1)	发生条件	触发事件(2)	事故后果	危险等级	防范措施	备注
4	5	6	7	8	9	10	11	12

表 3-2 中,各栏目标注数字需填入的内容为:

1——所分析子系统归属的车间或工段名称;

2——所分析子系统的名称;

3——子系统处于何种状态或运行方式;

4——子系统可能发生的潜在危害；

5——产生潜在危害的原因；

6——导致产生"危险因素5"的那些不希望发生的事件或错误；

7——使"危险因素5"发展成为潜在危害的那些不希望发生的事件或错误；

8——导致事故产生的"发生条件7"的那些不希望发生的事件或错误；

9——事故后果；

10——危险等级；

11——消除或控制危害可能采取的措施，其中包括对装置、人员、操作程序等方面的考虑；

12——有关必要说明的内容。

四、确定触发条件或诱发因素

研究危险因素转变为危险状态的触发条件和危险状态转变为事故的必要条件。一般是利用安全检查表、经验和技术先查明危险因素存在的方位，然后识别使危险因素演变为事故的触发因素和必要条件。

可以通过对方案设计、主要工艺和设备的安全审查，辨识主要危险因素，包括审查设计规范和采取的消除、控制危险源措施。应按照预先编制好的安全检查表逐项进行审查，其审查的主要内容有以下几个方面：①危险设备和物料，如燃料、高反应活性物质、有毒物质、爆炸、高压系统、其他储运系统；②有关安全设备、物质间的交接面，如物质的相互反应，火灾爆炸的发生及传播，控制系统等；③对设备、物质有影响的环境因素，如地震、洪水、高（低）温、潮湿、振动等；④操作、测试、维修及紧急处置规程，如人为失误的重要性、操作人员的作用、设备布置、人员的安全保护等；⑤辅助设施，如储槽、测试设备、公用工程等；⑥与安全有关的设备，如安全防护设施、冗余系统及设备、灭火系统、安全监控系统、个人防护设备等。根据审查结果，确定系统中主要危险因素，研究其产生原因。

五、进行危险性分级

进行危险性分级，排列出轻、重、缓、急次序，以便处理。

预先危险性分析在分析系统危险性时，为了衡量危险性的大小及其对系统的破坏程度，通常将各类危险性划分为4个等级，见表3—3。

危险性等级划分又叫风险分级，同时考虑事故发生的可能性和后果的严重程度。

表 3－3　危险性等级划分表

级别	危险程度	可能导致的后果
Ⅰ	安全的	不会造成人员伤亡及系统损坏
Ⅱ	临界的	处于事故的边缘状态,暂时还不至于造成人员伤亡、系统损坏或降低系统性能,但应予以排除或采取控制措施
Ⅲ	危险的	会造成人员伤亡和系统损坏,要立即采取防范对策、措施
Ⅳ	灾难的	造成人员重大伤亡及系统严重破坏的灾难性事故,必须予以果断排除并进行重点防范

六、提出预防性对策措施

在选择风险控制措施时,应考虑控制措施的优先顺序,应按如下顺序考虑降低风险:

(1)消除,如停止使用危害性物质;

(2)替代,如改用危险性较低的物质替代危险性较高的物质;

(3)工程控制措施;

(4)标志、警告和(或)管理控制措施;

(5)个体防护装备。

第三节　预先危险性分析的应用

例1　硫化氢输送系统预先危险性分析。

1. 熟悉或了解系统

对于将硫化氢输送到反应装置的设计方案,在设计初期,分析者只知道在工艺过程处理的物质是硫化氢,以及硫化氢的物理和化学性质如有毒、可燃烧等。

2. 分析可能发生的事故或潜在危险

于是把硫化氢意外泄漏作为可能的事故进行分析。

3. 对确定的危险源分类,制成预先危险性分析表格

画出包括预先危险性分析工作五个方面的典型格式表,部分分析结果见表 3－4。

4. 确定触发条件或诱发因素

分析导致事故发生的原因如下:

（1）盛装硫化氢的压力容器泄漏或破裂；

（2）化学反应中硫化氢过剩；

（3）反应装置供料管线泄漏或破裂；

（4）在连接硫化氢储罐和反应装置的过程中发生泄漏。

5．进行危险性分级

当硫化氢发生大量泄漏时，对附近人员会造成严重伤害，根据泄漏情况将危险程度划分为Ⅲ级和Ⅳ级。

6．提出预防性对策措施

为了防止泄漏事故发生，分析者向设计人员提出如下建议：

（1）考虑用一种低毒性物质在需要时能产生硫化氢的工艺；

（2）开发一套收集和处理过剩硫化氢的系统；

（3）采用硫化氢泄漏报警装置；

（4）现场仅储存最小量的硫化氢，不会输送、处理过量；

（5）开发符合人机工程学要求的储罐连接程序；

（6）设置由硫化氢泄漏监控系统驱动的水封系统封闭储罐；

（7）把储罐布置在远离其他道路、方便输送的地方；

（8）在投产之前，教育、训练职工了解硫化氢的危害，掌握应急程序。

根据整个预先危险性分析工作的全过程，得到硫化氢输送系统预先危险性分析表。部分分析结果如表3—4所示。

表3—4　硫化氢输送系统预先危险性分析（部分）

事故	原因	后果	危险等级	措施
毒物泄漏	储罐破裂	大量泄漏导致人员伤亡	Ⅳ	1．采用泄漏报警系统 2．限制最小储存量 3．制定巡检规程
	反应过剩		Ⅲ	1．过剩硫化氢收集处理系统 2．安全监控系统 3．制定规程保证收集系统先于装置运行

例2　某乙烯厂对环氧乙烷（EO）/乙二醇（EG）装置按预先危险性分析工作表的通用格式3—2的形式，对EO/EG装置进行预先危险性分析，分析结果见表3—5。该装置是以乙烯和氧气为主要原料生产基本有机合成产品的重要原料环氧乙烷和乙二醇。这些装置的投资费用巨大，其生产工艺是在混合气体的爆炸极限区边缘控制操作，在较高压力和温度下进行强放热的化学反应，所用原料和产品都具有易

燃、易爆和有毒有害的特性,极易发生火灾和爆炸事故。

表 3－5 EO/EG 预先危险性分析表

潜在事故 4——火灾、爆炸
危险因素 5,环氧乙烷、乙二醇、乙烯等易燃、易爆气体或液体
触发事件(1)6,
(1)设备故障泄漏:①氧气混合器破裂;②氧化反应器破裂;③乙二醇反应器破裂;④储槽、容器破裂;⑤储槽超量溢出;⑥EO 精制塔及洗涤塔、气体塔等塔类破裂;⑦换热器破裂;⑧EO 球罐破裂。
(2)阀门管线泄漏:①阀门破裂;②管线破裂;③设备与管线连接处泄漏;④阀门与管线连接处泄漏。
(3)EO 灌装站泄漏:①EO 槽车破裂;②EO 槽车超载;③灌装阀门失控,阀门未及时关闭或关闭不严;④灌装接头处泄漏。
(4)泵、压缩机泄漏:①泵、压缩机破裂;②泵、压缩机密封处泄漏;③泵、压缩机与管线连接处泄漏。
发生条件 7,点火源、气体或可燃蒸气浓度达到爆炸极限
触发事件(2)8,
(1)明火源:①点火吸烟;②加热炉、火炬明火;③焊接或维修设备时违章动火;④外来人员带入火种;⑤其他火源。
(2)火花:①穿带钉皮鞋;②用钢制工具敲打设备、管线产生撞击火花;③电器火花;④静电放电;⑤雷击;⑥车辆未装防护罩,启动时排烟管带出火花。
(3)高热。
事故后果 9,设备损坏、人员伤亡、停产、造成严重经济损失
危险等级 10,Ⅳ
防范措施 11,
(1)控制与消除火源:①厂区内严禁吸烟,禁止携带火种,严禁穿钉皮鞋进入易燃易爆区域;②动火必须按动火审批手续使用,并采取严格的防范措施;③使用防爆型电器。手电应防爆,进入罐内使用的照明应为安全电压和防爆灯;④应使用青铜或镀铜工具,使用钢制工具时,严禁敲打、撞击或抛掷;⑤按规定要求安装避雷针,做好防静电工作;⑥进入生产区的机动车辆必须配备防火罩。
(2)加强管理,严格工艺纪律:①在厂区范围内,建立禁火区,按照《作业场所安全使用化学品公约》(第 170 号国际公约)和《危险化学品安全管理条例》,在厂区加贴作业场所危险化学品安全标签;②制定规章制度和安全操作规程,严守工艺纪律,防止储罐、槽车超装;③严格控制设备质量,加强设备维护保养;④坚持巡回检查,发现问题及时处理;⑤在罐内检修时,必须将该罐与其他设备隔离,清洗置换干净,分析合格后才能动火;检修时须有人现场监护,并保证通风良好。
(3)配齐安全设施:①储罐安装阻火器;②储罐安装高液位报警器;③生产区及罐区安装可燃气体浓度测试报警仪。

（续表）

潜在事故 4——中毒

危险因素 5,环氧乙烷、乙二醇等毒物

触发事件(1)6,环氧乙烷、乙二醇等有毒物料泄漏,原因同上

发生条件 7,个体防护缺乏或失效

触发事件(2)8,

　　(1)未戴防毒面具:①防毒面具缺乏;②取用不方便;③因故未戴。

　　(2)防毒面具失效:①面具破损失效;②面具选型不对;③使用不当。

事故后果 9,导致人员急性中毒

危险等级 10,Ⅲ

防范措施 11,

　　(1)生产区及罐区适当位置安装有毒气体浓度测试报警仪。

　　(2)检修故障泄漏或处理异常时,操作人员应戴好防毒面具。

　　(3)同上 2 中②～⑤条。

潜在事故 4——高温灼伤

危险因素 5,高温物料

触发事件(1)6,

　　(1)生产中高温物料故障喷出:①氧化反应器等高温设备泄漏;②高温管线泄漏;③高温阀门泄漏;④高温设备与管线连接处泄漏;⑤高温物料阀门与管线连接处泄漏。

　　(2)检修中高温物料故障喷出:①从阀门喷出;②从管线法兰喷出;③从其他部位喷出。

发生条件 7,人在蒸气喷射范围内个体防护失效。

触发事件(2)8,

　　(1)未戴防护面具:①防护面具缺乏;②取用不方便;③因故未戴。

　　(2)防护面具失效:①面具破损;②面具选型不对;③使用不当。

　　(3)检修高温设备时,未将设备、管线内物料排空;未关闭物料阀门;未对物料管线加堵盲板。

事故后果 9,人员灼伤,甚至死亡

危险等级 10,Ⅲ

防范措施 11,

　　(1)处理高温物料泄漏故障时,建议作业人员戴好面罩或其他合适的防护面具,穿合适的工作服。

　　(2)严格控制设备质量,加强设备维护保养。

　　(3)坚持巡回检查,发现问题及时处理。

　　(4)检查高温设备时,应将设备、管线内的物料排空,关闭阀门,并对管线加堵盲板。

（续表）

潜在事故 4——噪声振动
危险因素 5,作业人员在泵等噪声强度过大的场所作业
触发事件(1)6,个体防护用品(如护耳器)缺乏或失效
发生条件 7,个体防护缺乏或失效
触发事件(2)8,
(1)装置未设置减振、降噪措施。
(2)未戴个体护耳器:①无个体护耳器;②嫌麻烦不用护耳器;③因故未戴。
(3)护耳器无效:①护耳器失效;②选型不当;③使用不当。
事故后果 9,听力损伤、人员伤害
危险等级 10,Ⅱ
防范措施 11,
(1)采取隔声、吸声、消声等降噪措施。
(2)设置减振、阻尼等装置。
(3)佩戴适宜的护耳器。
(4)尽量减少噪声处不必要的停留时间。

通过 PHA 分析得知,本装置存在着火灾、爆炸、中毒、高温灼伤、噪声振动等危险有害因素,但主要危险为火灾、爆炸,其危险等级为Ⅳ级(灾难性的)。引发火灾爆炸的主要因素是环氧乙烷、乙二醇等物料故障泄漏。

例 3 图 3-2 为电子压力锅示意图。当电子压力锅锅体内的压力超过一定值时,安全阀会自动释放压力。当锅体温度加热升高至 $250\,^\circ\mathrm{C}$ 时,自动调温器会断开加热线圈,停止加热。压力计分为红色区域和绿色区域两部分,当压力指针指向红色区域时表示"危险"。

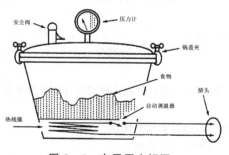

图 3-2 电子压力锅图

该电子压力锅结构图较为简单,该系统分析中,危险可能影响的对象是人员(主要是电子压力锅操作者)、电子压力锅系统和周围环境。该系统可能出现的危险包括：触电、火灾、烫伤、爆炸等。结合第二节预先危险性分析的步骤对其进行预先危险性分析，结果见表 3—6。

表 3—6　电子压力锅预先危险性分析

危险	原　因	后　果	发生概率	预防措施
触电	当操作者接触电线时，由于绝缘层老化对操作者形成接地回路	轻微触电致电死。程度不同取决于流经人体的整个回路的电阻，影响整个回路电阻大小的因素很多，如操作者所穿鞋子的绝缘性、操作者手指是否是湿的等	很少发生	采用绝缘层不易老化的材料；采用三相插头；仅将电子压力锅的插头插在装有接地故障电流断路器的插座上
火灾	电线绝缘层老化，当电流接触另一物体时有火花产生，且离电线很近的地方有易燃物质	压力锅系统和周围环境严重破坏	几乎不可能发生	同上三项"触电"措施；保持易燃物质远离电子压力锅系统
烫伤	人员触摸到热的压力锅锅体表面或者锅内食物；安全阀释放出的蒸气也会对人造成烫伤	烫伤的程度取决于人的皮肤与热的表面或食物接触的时间长短	容易发生	如果必须接触压力锅时需用隔热手套；把热的压力锅放在小孩触及不到的地方；在安全阀上放一个盖子使释放出的蒸汽易于散发，避免蒸汽集中烫伤皮肤
爆炸	自动调温器和压力阀失效且没有人注意到压力计的指针已指向红色区域	严重伤害或死亡；电子压力锅系统破坏；周围环境破坏	很少发生	采用高质量的压力阀和自动调温器；采用冗余设计（如设计两个安全阀）

复习思考题

1. 简述预先危险性分析法的分析步骤及能达到的目的。
2. 预先危险性分析法是如何划分危险性等级的？
3. 简述预先危险性分析的意义、基本内容与主要优点。
4. 简述预先危险性分析的应用条件与分析时应注意的问题。

5. 预先危险性分析的分析结果涉及哪些内容？

6. 某城市拟对部分供水系统进行改造，改造工程投资 2900 万元，改造主要内容包括：沿主要道路敷设长度为 15Km 的管线，并穿越道路，改造后的管网压力为 0.5Mpa；该项目增设 2 台水泵，泵房采用现有设施。改造工程的施工顺序为：先挖管沟，管线下沟施焊，泵房设备安装，最后将开挖的管沟回填、平整。据查，管线经过的城市道路地下敷设有电缆、煤气等管线。管沟的开挖、回填和平整采用人工、机械两种方式进行，管沟深 1.5m，管道焊接采用电焊。请根据给定的条件，采用预先危险性分析法对该项目施工过程中存在的危险、有害因素进行分析。

第四章　故障类型及影响分析

第一节　FMEA 概述

故障类型及影响分析(Failure Modes and Effects Analysis,简称 FMEA)是系统安全分析的重要方法之一,起源于可靠性技术。它采用系统分割的概念,根据实际需要分析的水平,把系统分割成子系统或进一步分割成元件,然后逐个分析元件可能发生的故障和故障呈现的状态(即故障类型或故障模式),进一步分析故障类型对子系统以至整个系统产生的影响,最后采取解决措施。该方法是一种定性分析方法,其分析的目的是辨识系统的故障类型及每种故障类型对系统造成的影响。

在对系统进行初步分析(如故障类型及影响分析)之后,对于其中特别严重、甚至会造成人员死亡或重大财物损失的故障类型,则可以单独拿出来再进行致命度分析(Criticality Analysis,简称 CA)。CA 和 FMEA 结合使用时,把故障类型及影响分析从定性分析发展到定量分析,则形成了故障类型、影响和致命度分析(FMECA)。

一、FMEA 的产生及发展

故障类型及影响分析最初是依据 1949 年颁布的美国军队程序《执行故障模式、影响和致命度分析的程序》发展起来的一种正式的危险分析方法。1957 年美国开始在飞机发动机上使用 FMEA 方法,20 世纪 60 年代这种方法被广泛应用于航天产业的开发,为登月计划起到了不可估量的作用。航天航空局和陆军进行工程项目招标时,都要求承包方提供 FMECA 分析,航天航空局还把 FMEA 当作保证宇航飞船可靠性的基本方法。尽管该方法是由可靠性发展起来的,但目前它已在核电站、动力工业、仪器仪表工业中得到广泛应用,20 世纪 70 年代后期福特汽车公司在研究汽车油箱事故后再次引入这种分析方法,大大改善了汽车的设计和制造;日本的机械制造业如丰田汽车发动机厂也使用该法多年,并和质量管理结合起来,积累了相当完备的 FMEA 资料。1993 年 FMEA 又被美国汽车行业行动会(AIAG)和质量控制协会(ASQC)推为行业标准,该标准不断的修订完善,1993 年第 1 版出版、1995 年第 2 版出版、2001 年第 3 版出版及 2008 年第 4 版出版。美国职业安全健康管理局(OSHA)也认定 FMEA 为一种正式的系统安全分析方法,在许多重要领域该方法也被规定为设计人员必须掌握的技术，其有关资料被规定为不可缺少的文件。我国国家军用标准中也明确指出，FMEA是找出设计上潜在缺陷的手段，是设计审查中必须重视的资料之一。

在实践过程中，由于应用目的的不同，FMEA法已发展出了设计用FMEA（Design FMEA）、过程FMEA（Process FMEA）、功能FMEA（Functional FMEA）及系统FMEA（System FMEA）。虽然不同的FMEA法有不同的特点和适用性，但它们的基本思路是相通的。

二、FMEA 的特点

（1）该方法是从组件分析到故障，即分析过程是从原因到结果。

（2）侧重于建立上、下级的逻辑关系。

（3）是一种定性分析方法，便于掌握，对设备等硬件设施的分析能力较强。

三、FMEA 适用范围

主要用于设备和机器故障的分析，也可用于连续生产工艺（主要用于硬件系统分析）。

第二节　　FMEA 的基础知识

一、故障和故障类型

故障是指元件、子系统或系统在规定期限内和运行条件下，达不到设计规定功能的情况，并不是所有故障都会造成严重后果，而是其中有一些故障会影响系统不能完成任务或造成事故损失。

元件是构成系统、子系统的单元或组合件，它分为几种：

（1）功能件：由一些零部件构成，具有独立的功能。

（2）组件：由两个以上零部件构成，在子系统中保持特定的性能。

（3）零件：不能进一步分解的单个部件，具有设计规定的性能。

故障类型（又叫故障模式）是故障出现的状态，也是故障的表现形式。元件发生故障时，其呈现的类型可能不只一种。例如，一个阀门发生故障，至少可能有内部泄漏、外部泄漏、打不开和关不紧等四种类型，它们都会对子系统甚至系统产生不同程度的影响。运行过程中的故障一般可从以下四个方面考虑故障类型：

（1）过早地启动；

（2）规定的时间内不能启动；

（3）规定的时间内不能停车；

（4）运行能力降低、超量或受阻。

也可以根据 GJB/Z1391—2006《故障模式影响及危害性分析指南》中给出的典型故障模式（见表 4—1）来考虑。

表 4—1 典型故障模式（较详细的）

序号	故障模式	序号	故障模式	序号	故障模式	序号	故障模式
1	机构故障（破损）	12	超出允差（下限）	23	滞后运行	34	折断
2	捆死或卡死	13	意外运行	24	输入过大	35	动作不到位
3	共振	14	间歇性工作	25	输入过小	36	动作过位
4	不能保持正常位置	15	漂移性工作	26	输出过大	37	不匹配
5	打不开	16	错误指示	27	输出过小	38	晃动
6	关不上	17	流动不畅	28	无输入	39	松动
7	误开	18	错误动作	29	无输出	40	脱落
8	误关	19	不能关机	30	（电的）短路	41	弯曲变形
9	内部泄漏	20	不能开机	31	（电的）开路	42	扭转变形
10	外部泄漏	21	不能切换	32	（电的）参数漂移	43	拉伸变形
11	超出允差（上限）	22	提前运行	33	裂纹	44	压缩变形

二、故障等级

根据故障类型对系统或子系统影响程度的不同而划分的等级称为故障等级。划分故障等级的目的主要是划分轻重缓急，以采取相应的对策，提高系统的安全性。划分故障等级有下述几种方法：

1. 定性分析方法

通常定性分析方法按故障类型对子系统或系统影响的严重程度分为四个等级，如表 4—2 所示。

表 4-2 故障等级划分表

故障等级	影响程度	可能造成的损失
Ⅰ级	致命性	可造成死亡或系统损坏
Ⅱ级	严重性	可造成严重伤害、严重职业病或主要系统损坏
Ⅲ级	临界性	可造成轻伤、轻职业病或次要系统损坏
Ⅳ级	可忽略性	不会造成伤害和职业病,系统不会受到损坏

2. 评点法

在难以取得可靠性数据的情况下,可采用评点法,此法较简单,划分精确。它从几个方面来考虑故障对系统的影响程度,用一定的点数表示程度的大小,通过计算,求出故障等级。

有两种方法求评点数,一种利用下式计算:

$$C_s = \sqrt[i]{C_1 \cdot C_2 \cdot \cdots \cdot C_i} \qquad (4-1)$$

式中,C_s——总点数,$0 < C_s < 10$;

C_i——点数,$0 < C_i < 10$;

i——评点因素。

评点因素和点数如表 4-3 所示。

表 4-3 因素和点数表

评 点 因 素 i	点 数 C_i
(1) 故障影响大小	
(2) 对系统影响程度	
(3) 发生频率	$0 < C_i < 10$
(4) 防止故障的难易	$i = 1,2,3,4,5$
(5) 是否新设计的工艺	

点数 C_i 的确定可采取专家座谈会法,即由 3～5 位有经验的专家座谈讨论,提出该给 C_i 什么数值。这种方法又称 BS 法(Brain Storming,头脑风暴),意思是集中智慧。另一种方法是德尔菲法(Delphi Technique),就是函询调查法,即将提出的问题和必要的背景材料,用通信的方式向有经验的专家提出,然后把他们答复的意见进行综合,再反馈给他们,如此反复多次,直到得到认为合适的意见为止。

另一种求评点数的方法为查表法。

这种方法是根据评点因素表(见表 4-4),求出每个项目的点数后,按下式相加,计算出总点数。

$$C_s = F_1 + F_2 + F_3 + F_4 + F_5 \qquad (4-2)$$

表 4-4　评点参考表

评 点 因 素	内　　　容	点　数
故障影响大小 F_1	造成生命损失 造成相当程度的损失 元件功能有损失 无功能损失	5.0 3.0 1.0 0.5
对系统影响程度 F_2	对系统造成两处以上的重大影响 对系统造成一处以上的重大影响 对系统无重大影响	2.0 1.0 0.5
发生频率 F_3	容易发生 能够发生 不易发生	1.5 1.0 0.7
防止故障的难易程度 F_4	不能防止 能够防止 易于防止	1.3 1.0 0.7
是否新设计的工艺 F_5	内容相当新的设计 内容和过去相类似的设计 内容和过去同样的设计	1.2 1.0 0.8

由以上两种方法求出的总点数,均可按表 4-5 评定故障等级。

表 4-5　评点数与故障等级

故障等级	评　点	内　　　容	应采取措施
Ⅰ 致命	7～10	完不成任务,人员伤亡	变更设计
Ⅱ 重大	4～7	大部分任务完不成	重新讨论设计,也可变更设计
Ⅲ 轻微	2～4	一部分任务完不成	不必变更设计
Ⅳ 小	＜2	无影响	不采取其他措施

3. 风险矩阵法

故障发生的可能性和故障发生后引起的后果,综合考虑后会得出比较准确的衡量标准,这个标准称为风险(也称危险度),它代表故障概率和严重度的综合评价。

1) 严重度

严重度指故障类型对系统功能的影响程度,分为四个等级,见表 4—6。

表 4—6　严重度的等级与内容

严重度等级	内　　容
Ⅰ　低的	对系统任务无影响 对子系统造成的影响可忽略不计 通过调整,故障易于消除
Ⅱ　主要的	对系统的任务虽有影响但可忽略 导致子系统的功能下降 出现的故障能够立即修复
Ⅲ　关键的	系统的功能有所下降 子系统的功能严重下降 出现的故障不能立即通过检修予以修复
Ⅳ　灾难性的	系统的功能严重下降 子系统的功能全部丧失 出现的故障需经彻底修理才能消除

2) 故障概率

故障概率指在一特定时间内,故障类型出现的次数。时间可规定为一定的期限,如一年、一个月等,或大修间隔期、完成一项任务的周期或其他被认为适当的期间来决定。

单个故障类型的概率可以使用定性和定量方法确定。

(1)故障概率的定性方法分类:

Ⅰ级:故障概率很低,元件操作期间出现机会可以忽略。

Ⅱ级:故障概率低,元件操作期间不易出现。

Ⅲ级:故障概率中等,元件操作期间出现机会可达 50%。

Ⅳ级:故障概率高,元件操作期间易出现。

(2)故障概率的定量方法分类:

Ⅰ级:在元件工作期间,任何单个故障类型出现的概率少于全部故障概率的 0.01。

Ⅱ级:在元件工作期间,任何单个故障类型出现的概率大于全部故障概率的 0.01,而小于 0.10。

Ⅲ级:在元件工作期间,任何单个故障类型出现的概率大于全部故障概率的 0.10,而小于 0.20。

Ⅳ级：在元件工作期间，任何单个故障类型出现的概率大于全部故障概率的0.20。

3）风险矩阵

有了严重度和故障概率的数据之后，就可以用风险率矩阵的评价法。因为这两个特性可表示出故障类型的实际影响。有的故障类型虽有高的发生概率，但造成危害的严重度很低，因而风险也低。另一种情况，即使危害的严重度很大，但发生概率很低，所以风险也不会高。综合这两个特性，以发生概率为纵坐标，严重度为横坐标，画出风险率矩阵，如图4—1所示。将所有故障类型按其严重度和发生概率填入矩阵图中，可以看出系统风险的密集情况。处于右上角方块中的故障类型风险率最高，依次左移逐渐降低。

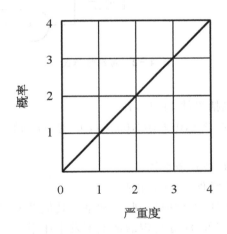

图4—1 风险矩阵图

三、可靠性框图

对于复杂的系统，为了说明子系统间功能的传输情况，可用可靠性框图表示系统状况。可靠性框图也称逻辑图，如图4—2所示。

从图4—2中可以明确地看出系统、子系统和元件之间的层次关系，系统以及子系统间的功能输入及输出，串联和并联方式。各层次要进行编码，和将来制表的项目编码相对应。

图4—2说明了下列问题：

（1）主系统分成三个子系统，即10，20，30，当然每一个子系统发生故障，都会对主系统产生影响。

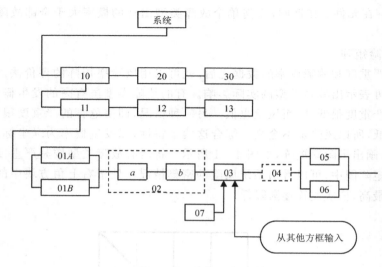

图 4－2　可靠性框图

（2）子系统 10 又包括组件 11,12,13。

（3）组件 11 受元件 01A,01B,02,03,04,05 与 06 的影响,它们在串联的情况下进行工作。

（4）元件 01A,01B,是冗余系统。

（5）元件 02 由两个零件 a 和 b 组成。

（6）从功能上看,元件 03 同时受到 07 和来自其他系统的影响。

（7）虚线所包含的零件 04 在特定的情况下发生作用。

（8）正常运行时,元件 07 不工作。

（9）元件 05 和 06 是备件,在某些特定的情况下,06 发生故障时,05 起作用。

可靠性框图与流程图或设备布置图不同,它只表示系统与子系统间功能流动情况,而且可以根据实际需要,对风险大的子系统进行深入分析,问题不大的则可放置一边。

第三节　FMEA 的分析步骤

一、明确系统本身的情况和目的

分析时首先要熟悉有关资料,从设计说明书等资料中了解系统的组成、任务等情况，查出系统含有多少子系统，各子系统又含有多少单元或元件，了解它们之间如何结合，熟悉它们之间的相互关系、相互干扰以及输入和输出等情况。

使用 FMEA 方法需要如下资料：系统或装置的 PID 图（工艺管理仪表流程图）；设备、配件一览表；设备功能和故障模式方面的知识；系统或装置功能及对设备故障处理方法的知识。

二、确定分析程度和水平

进行 FMEA 时，一开始就应决定分析到什么程度，分析到哪一层，要考虑两个因素，一是分析目的，二是系统的复杂程度。

根据所了解的系统情况，决定分析到什么水平，这是一个很重要的问题。如果分析程度太浅，就会漏掉重要的故障类型，得不到有用的数据；如果分析程度过深，一切都分析到元件甚至零部件，则会造成手续复杂，难以实施。一般来讲，经过对系统的初步了解后，就会知道哪些子系统比较关键，哪些子系统相对次要。对关键的子系统可以分析得深一些，不重要的子系统可分析得浅一些，甚至可以不进行分析。

对于一些功能件，像继电器、开关、阀门、储罐、泵等，都可当作元件看待，不必进一步分析。

三、绘制系统功能框图和可靠性框图

描述产品的功能可以采用功能框图方法。它是表示产品各组成部分所承担的任务或功能间的相互关系，以及产品每个约定层次间的功能逻辑顺序、数据（信息）流、接口的一种功能模型。例如表 4—7 和图 4—3 分别表示高压空气压缩机的组成和功能框图。

表 4—7　高压空气压缩机的组成及其功能

序号	编码	名　称	功　能	输　入	输　出
1	10	马达	产生力矩	电源（三相）	输出力矩
2	20	仪表和监测器	控制温度和压力及显示	压力	温度和压力读数；温度和压力传感器输入
3	30	冷却和潮气分离装置	提供干冷却气	淡水、动力	向 50 提供干冷空气；向 40 提供冷却水
4	40	润滑装置	提供润滑剂	淡水、动力、冷却水	向 50 提供润滑油
5	50	压缩机	提供高压空气	干冷空气、动力、润滑油	高压空气

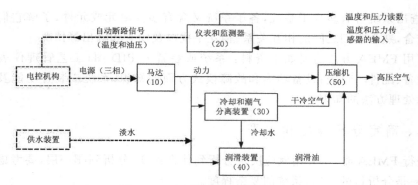

图 4—3 高压空气压缩机功能框图

注：图中虚线部分表示接口设备

可靠性框图是描述产品整体可靠性与其组成部分的可靠性之间的关系,其示例见图 4—4 所示。它不反映产品间的功能关系,而是表示故障影响的逻辑关系。如产品具有多项任务或多个工作模式,则分别建立相应的任务可靠性框图。

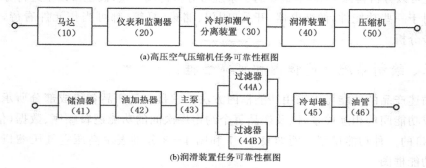

(a)高压空气压缩机任务可靠性框图

(b)润滑装置任务可靠性框图

图 4—4 高压空气压缩机组成部分的可靠性框图

四、列出故障类型并分析其影响

按照可靠性框图,根据经验及过去的有关故障资料,列出各个子系统或元件的所有故障类型,然后从其中选出对子系统以至系统有影响的故障类型,深入分析其影响后果、故障等级及应采取的措施。此部分工作很重要,经验不足会遗漏,列得不准也会给分析带来麻烦。在做这部分工作时,最好要由管理人员、工程技术人员和工人三结合进行。

五、分析故障原因及故障检测方法

故障原因(Failure Cause)是指导致系统、元件等形成故障类型的过程与机理,造成系统、元件发生故障的原因。

造成元件发生故障的原因,大致有以下几种:

(1)设计上的缺点。由于设计所采取的原则、技术路线等不当,带来先天性的缺陷,或者由于图纸不完善或有错误等。

(2)制造上的缺点。加工方法不当或组装方面的失误。

(3)质量管理方面的缺点。检验不够或失误以及工程管理不当等。

(4)使用上的缺点。误操作或未按设计规定条件操作。

(5)维修方面的缺点。维修操作失误或检修程序不当等。

对每种故障类型都要明确相应的检测方法。对操作人员在操作过程中无法感知的故障,应考虑制定专门的检测措施。

六、确定故障等级,并制成 FMEA 表格

把上述的有关内容列成表格,表格的形式与内容不是一成不变的,我们制表时可以根据分析的目的、要求设立必要的栏目,简洁明了地显示全部分析内容,如表 4—8所示。

表 4—8　故障类型及影响分析表格

系统_____ 子系统_____			故障类型及影响分析				日期_____ 制表_____ 主管_____ 审核_____		
(1) 项目号	(2) 分析项目	(3) 功能	(4) 故障类型	(5) 推断原因	(6)影响		(7) 故障检测方法	(8) 故障等级	(9) 备注
					子系统	系统			

第四节　故障类型影响和致命度分析

对于特殊危险的故障类型,如故障等级为致命的故障类型,有可能导致人员伤亡或系统损坏,一般需采用致命度分析(CA)方法进一步分析。致命度分析与故障类型及影响分析结合使用时,称为故障类型、影响和致命度分析(FMECA)。故障类型、影响和致命度分析是在故障模式及影响分析的基础上扩展出来的。

致命度分析的目的在于评价每种故障类型的危险程度,通常采用概率—严重度来评价故障类型的危险度。概率是指故障类型发生的概率,严重度是指故障后

果的严重程度。采用该方法进行致命度分析时,通常把概率和严重度划分为若干等级。例如,美国的杜邦公司把危险程度划分为 3 个等级,把概率划分为 6 个等级(见表 4—9 中注)。

例如,起重机制动装置和钢丝绳的部分故障类型影响和致命度分析见表 4—9。

表 4—9　起重机的故障类型影响和致命度分析(部分)

项　目	构成元素	故障模式	故障影响	危险程度	故障发生概率	处理方法	应急措施
制动装置	电气元件	动作失灵	过卷、坠落	大	10^{-2}	仪表检查	立即检修
	机械部件	变形、摩擦	破裂	中	10^{-4}	观察	及时检修
	制动瓦块	间隙过大	摩擦力小	小	10^{-3}	检查	调整
钢丝绳	股	变形、磨损	断绳	中	10^{-4}	观察	更换
	钢丝	断丝超标	断绳	大	10^{-1}	检查	更换

注:①危险程度分为:大,危险;中,临界;小,安全。
②应急措施:立即停止作业、及时检修、注意。
③发生概率:非常容易发生:1×10^{-1};容易发生:1×10^{-2};偶尔发生:1×10^{-3};不常发生:1×10^{-4};几乎不发生:1×10^{-5};很难发生:1×10^{-6}。

致命度也可以用一个指标——致命度指数来表示,即给出某故障模式产生致命度影响的概率。当用致命度一个指标来评价时,可使用下式计算出致命度指数 C_r,它表示元件运行 100 万小时(次)发生的故障次数。

$$C_r = \sum_{i=1}^{n} (a\beta k_1 k_2 \lambda t \cdot 10^6) \tag{4—3}$$

式中,n——导致系统重大故障或事故的故障类型数目;

a——导致系统重大故障或事故的故障类型数目占全部故障类型数目的比例;

β——导致系统重大故障或事故的故障类型出现时,系统发生重大故障或事故的概率,其参考值见表 4—10;

k_1——实际运行状态的修正系数;

k_2——实际运行环境条件的修正系数;

λ——元素的基本故障率;

t——元素的运行时间,小时 h。

表 4—10 **β 的参考值**

影响程度	实际损失	可预计的损失	可能出现的损失	没有影响
发生概率(β)	$\beta = 1.00$	$0.10 \leqslant \beta < 1.00$	$0 < \beta < 0.10$	$\beta = 0$

第五节 FMEA 应用举例

例 1 以手电筒为例,说明 FMEA 的过程。

确定了手电筒的功能和决定了分解的等级程度之后,就可画出系统可靠性框图,如图 4—5 所示。

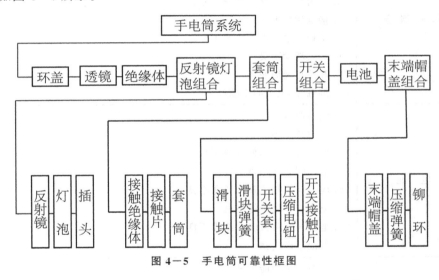

图 4—5 手电筒可靠性框图

表 4—11 所示为参考同类产品的故障类型而选定的手电筒的故障类型。

表 4—11 故障类型一览表

零件或组合件名称	故 障 类 型
环 盖	1.脱落 2.变形而断 3.影响透镜功能
透 镜	4.脱落 5.破裂 6.模糊
绝缘体	7.折断 8.脱落

（续表）

零件或组合件名称	故 障 类 型
反 射 镜 灯 泡 组　合	9. 灯丝烧毁 10. 灯泡松弛 11. 灯丝与焊口导通不良 12. 灯泡反射镜螺纹生锈 13. 反射镜与接触片导通不良 14. 反射镜装不进套筒
套 筒 组 合	15. 与环盖连接不良 16. 与末端帽盖螺纹连接不良 17. 与开关组件连接松弛 18. 套筒与开关之间的导通不良 19. 接触片变形 20. 接触片绝缘体的绝缘不良 21. 开关滑动不灵 22. 开关与套筒脱落 23. 接触片,电池间空隙过小
电　池	24. 电池放电 25. 电池装配不良 26. 电池与灯泡间的导通不良 27. 电池间导通不良 28. 电池与控制弹簧间导通不良 29. 电池与套筒绝缘不良 30. 电池与开关接触片绝缘不良 31. 电池阳极生锈
末 端 帽 盖 组　合	32. 压缩弹簧功能失灵 33. 末端帽盖与套筒接触不良 34. 末端帽盖脱落 35. 末端帽盖断而变形 36. 螺纹部生锈 37. 末端帽盖与弹簧接触不良

完成填写故障类型表格之后,分析这些故障类型,查找出这些故障的原因(一个故障可能有多种原因),查明每个故障可能给系统运行带来的影响,并且确定故障检测方法和故障危险等级。以上内容可以采用表 4—12 的格式填写,在备注一

栏内填写前面各栏中不包括的内容。表 4—12 仅提供了手电筒部分零件、组合件的 FMEA 的内容。

表 4—12 手电筒 FMEA 一览表(部分)

序号	零件或组合件	故障类型	故障原因	故障的影响		检测方法	危险等级	备注
				零件或组合件	系统			
1	环盖	影响透镜功能	变形	功能不全	可能功能失灵	目测	Ⅱ	
		脱落	(1)螺纹磨耗 (2)操作不注意	功能不全	功能失灵	目测	Ⅰ	
		断而变形	压坏	功能不全	降低功能	目测	Ⅱ	
2	透镜	脱落	(1)破损脱落 (2)操作不注意	功能不全	功能不全	目测	Ⅱ	
		开裂	操作不注意	降低功能	功能下降	目测	Ⅲ	
		模糊	保管不良	降低功能	功能下降	目测	Ⅳ	
3	绝缘体	折断	(1)装配不良 (2)材质不良	有不闭灯的可能性	可能缩短使用时间	拆开目视	Ⅲ	
		脱落	(1)装配失灵 (2)由于断损	不闭灯	使用时间缩短	拆开目视	Ⅱ	
4	反射镜灯泡组合	灯丝烧损	(1)寿命问题 (2)冲击	不能开灯	功能失灵	拆开目视	Ⅰ	
		灯泡松弛	(1)嵌合不良 (2)冲击	造成回路切断的可能性	功能失灵的可能性	轻微振动	Ⅳ	
		灯泡焊口的缺陷	(1)磨耗 (2)加工不良	同上	同上	拆开目视	Ⅱ	
		灯丝螺纹生锈	(1)保管不良 (2)材质不良	同上	同上	拆开目视	Ⅱ	

完成表 4—12 之后,把故障类型等级为 Ⅰ 类的致命的项目,即严重影响系统功能的零件、组合件另列表格见表 4—13,可进行致命度分析。

表 4－13　手电筒致命影响（等级为 Ⅰ）的项目表

序　号	项　目	故障类型	影　响
1	环　盖	脱　落	功能失灵
2	反射镜灯泡组合	灯丝烧损 灯泡焊锡与电池导通不良 反射镜与接触片之间导通不良 反射镜与套筒嵌合不良	功能失灵 同上 同上 同上
3	套筒组合	套筒与开关之间导通不良	功能失灵
4	开关组合	开关滑块不能滑动 开关与套筒组合脱落	功能失灵 同上
5	电　池	电池放电 电池安装不良	功能失灵 同上

　　例 2　电子压力锅故障模式及影响分析。

　　上一章我们已对电子压力锅在其概念设计阶段进行了预先危险性分析,随着产品研发的深入,现已进入试验阶段,在其使用中还会出现哪些危险? 预先危险性分析已不能满足现阶段分析的要求,与预先危险性分析相比较,故障模式及影响分析更为细致、深入,因而采用该方法在元器件层面对其进行进一步分析,保护的对象为人员、食物产量和压力锅本身,分别用 P、R 和 E 表示。该阶段已有的资料更为充分些。电子压力锅示意图见图 3－2。

　　电子压力锅系统描述:①压力锅靠线圈通电加热锅体。②当电子压力锅锅体内的压力超过一定值时,依靠弹簧作用的安全阀会自动释放压力。③当锅体温度加热升高至 250℃ 时,自动调温器会断开加热线圈,停止加热。④压力计分为红色区域和绿色区域两部分,当压力指针指向红色区域时表示"压力过大"。⑤高温/压煮食物能充分消毒,煮食物火候不够则不能杀死肉毒杆菌。

　　厨师在煮饭过程中需进行的操作:①给压力锅加载;②封严压力锅;③连接电源;④观察压力;⑤根据预定压力确定煮饭时间;⑥倒出食物。

　　电子压力锅故障模式及影响分析结果见表 4－14。

表 4—14　电子压力锅 FMEA 工作表

项目号：			故障模式及影响分析		第　页共　页				
子系统：					日期：				
系统:压力锅/食物/厨师					准备人员：				
寿命阶段:25 年,2 次/周			FMEA 号		检查人员：				
运行阶段：煮饭时					验收人员：				

代码	条目/项目	故障模式	故障原因	故障结果	目标	严重度	概率	风险代码	控制措施
SV	安全阀	断开	弹簧断了	蒸气灼烫,延长煮饭时间	P R E	II IV IV			
		关闭	腐蚀,制造缺陷,食物的影响	超压保护失效,自动调温器保护,没有直接影响,但潜在可能导致爆炸或烫伤	P R E	I IV IV			
		漏气	腐蚀,制造缺陷	蒸气灼烫,延长煮饭时间,没有直接影响,但潜在可能导致爆炸或烫伤	P R E	II IV IV			
TSw	自动调温开关	断开	有缺陷	没有加热食物,无法煮熟食物	P R E	… IV IV			
		关闭	有缺陷	持续加热,安全阀保护	P R E	I IV IV			
PG	压力计	假高压力读数	有缺陷	火候不够,肉毒杆菌没有被杀死,厨师去干预(任务没完成)	P R E P R E	I IV IV … IV IV			

(续表)

项目号：			故障模式及影响分析			第　页共　页				
子系统：						日期：				
系统:压力锅/食物/厨师						准备人员：				
寿命阶段:25年,2次/周			FMEA 号			检查人员：				
运行阶段:煮饭时						验收人员：				

代码	条目/项目	故障模式	故障原因	故障结果	目标	风险评估			控制措施
						严重度	概率	风险代码	
PG	压力计	假低压力读数	有缺陷	食物煮过了,如果自动调温开关没有关上有可能安全阀保护释放蒸气(也可能导致爆炸或烫伤)	P R E	Ⅰ Ⅳ Ⅳ			
CLMP	锅盖夹	断裂	有缺陷	爆炸压力释放,碎片飞溅,烫伤	P R E	Ⅰ Ⅳ Ⅳ			

注:"目标"指故障模式危及的对象,P—人员,E—设备,R—产量。

例 3　柴油机燃料供应系统的 FMEA 分析。

图 4—6 为一柴油机燃料供应系统示意图。柴油经膜式泵送往壁上的中间储罐,再经过滤器流入曲轴带动的柱塞泵,将燃料向柴油机汽缸喷射。

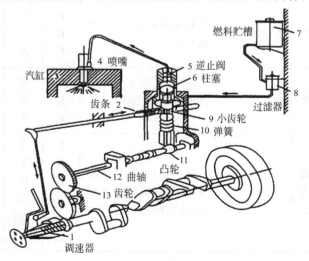

图 4—6　柴油机燃料供应系统示意图

此处共有 5 个子系统,即燃料供应子系统、燃料压送子系统、燃料喷射子系统、驱动装置、调速装置,其系统可靠性框图见图 4—7 所示。

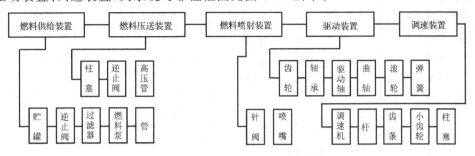

图 4—7　柴油机燃料系统可靠性框图

这里仅就燃料供应子系统做出故障类型及影响分析见表 4—15,从故障类型及影响分析表中,摘出对系统有严重危险的故障类型,汇总见表 4—16,从中可以看出采取措施的重点。在本例中,从分析结果可以看到,燃料供应子系统的单向阀、燃料输送装置的柱塞泵和单向阀、燃料喷射装置的针形阀,都容易被污垢堵住,因此,要变更原来设计,即在燃料泵(柱塞泵)前面加一个过滤器。

表 4—15　柴油机燃料供应子系统故障类型和影响分析表

子系统名称	元件名称	故障类型	发生原因	影响		故障等级	备注
				燃料系统	柴油机		
燃料供给子系统	储罐	泄漏	(1)裂缝 (2)材料缺陷 (3)焊接不良	功能不齐全	运转时间变短有发生火灾的可能	Ⅱ	
		混入不纯物	(1)维修缺陷 (2)选用材料错误	同上	运转时会发生问题	Ⅱ	
	单向阀	泄漏	(1)垫片不良 (2)污垢 (3)加工不良	同上	运转时间变短,有发生火灾的可能性	Ⅱ	
		关不严	(1)污垢 (2)阀头接触面划伤 (3)加工不良	功能失效	停车时会出现问题	Ⅲ	
		打不开	(1)污垢 (2)阀头接触面划伤	功能失效	不能运转	Ⅰ	

（续表）

子系统名称	元件名称	故障类型	发生原因	影响		故障等级	备注
				燃料系统	柴油机		
燃料供给子系统	过滤器	堵塞	(1)维修不良 (2)燃料质量欠佳 (3)过滤器结构不良	功能不全	运转时会出现问题	Ⅱ	
		溢流	(1)结构不良 (2)维修不良	功能不全	运转时会出现问题	Ⅱ	
	燃料泵	膜有缺陷	(1)有洞 (2)有伤 (3)安装不良	功能失效	不能运转	Ⅰ	
		膜不能动作	(1)结构不良 (2)零件不良 (3)安装不良	同上	同上	Ⅰ	
	管路	泄漏	(1)材料不良 (2)焊接不良	功能不全	运转会发生故障	Ⅱ	
		接头破损	(1)焊接不良 (2)零件不良 (3)安装不良	功能失效	不能运转	Ⅰ	

表 4－16　柴油机燃料系统故障类型及等级表

序号	项目名称	故障类型	影响	故障等级
1.2	单向阀	打不开	系统不能运转	Ⅰ
1.4	燃料泵	泵膜有缺陷	系统不能运转	Ⅰ
		泵膜不动作	系统不能运转	Ⅰ
1.5	管线	焊缝破损	系统不能运转	Ⅰ
2.1	柱塞	咬住	系统不能运转	Ⅰ
2.2	单向阀	打不开	系统不能运转	Ⅰ
2.3	高压管线	焊缝破损	系统不能运转	Ⅰ
3.1	针形阀	咬住	系统不能运转	Ⅰ

（续表）

序号	项目名称	故障类型	影响	故障等级
4.1	齿轮	不转动	系统不能运转	I
4.2	轴承	咬住	系统不能运转	I
4.3	驱动轴	折断	系统不能运转	I
5.1	调速机	摆动	系统不能运转	I

复习思考题

1. 简述 FMEA 的分析步骤。

2. 致命度分析的目的是什么？

3. 空气压缩机的储罐属于压力容器，其功能是储存空气压缩机产生的压缩空气。这里仅考察储罐体和安全阀两个元素的故障类型及其影响。请使用 FMEA 对该空气压缩机的储罐可能存在的故障类型、影响进行分析。

4. 请用 FMEA 对 DAP 反应系统进行分析，DAP 工艺流程图及工艺流程说明详见第二章第三节例 2。

5. 电机运行系统如图 4—8 所示，该系统是一种短时运行系统，如果运行时间过长，则可能引起电线过热或者电机过热、短路。请对系统中主要元素进行故障类型及影响分析。

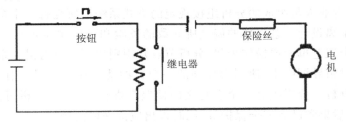

图 4—8　电动机运行系统示意图

第五章　危险和可操作性研究

第一节　HAZOP 概述

一、危险和可操作性研究的内涵

危险和可操作性研究（Hazard and Operability Study，简称 HAZOP）又称为危险与可操作性分析（Hazard and Operability Analysis，简称 HAZOP），是英国帝国化学工业公司（ICI）于 1974 年针对热力—水力系统安全分析的方法，是一种用于辨识设计缺陷、工艺过程危害及操作性问题结构化的分析方法。

由于自动化、连续化、大型化工业的日益发展，生产工艺越来越复杂，其中任何一个环节发生故障都会对整个系统产生很大影响，甚至酿成事故。如果在设计过程中就注意消除系统的危险性，无疑能提高工厂生产后的安全性和可靠性。由于生产是一个系统活动，是一个运动着的整体，所以还必须考虑操作，考虑运动时的危险性。

其方法本质就是通过一系列的会议对工艺图纸和操作规程进行分析。在这个过程中，由各专业人员组成的分析组按规定的方式系统地研究每一个单元（即分析节点），分析偏离设计工艺条件的偏差所导致的危险和可操作性问题。HAZOP 分析组分析每个工艺单元或操作步骤（分析节点），识别出那些具有潜在危险的偏差。这些偏差通过引导词引出，使用引导词的一个目的就是保证能对所有工艺参数的偏差都进行分析。分析组对每个有意义的偏差都进行分析，并分析可能导致这些偏差的原因、后果和已有安全保护等，同时提出应该采取的措施。

其理论依据就是工艺流程的状态参数（如温度、压力、流量等）一旦与设计规定的基准状态发生偏差，就会发生问题或出现危险。怎样进行分析？需要从中间入手提出问题，进而追问原因及产生的结果。若泛泛的提出问题就会漫无边际，往往发现不了危险因素。此法要求事先提出一些提问的要点，构成一份提问清单，这个清单要能简明的概括中间状态的全部内容。通过对清单上的问题（要点）的回答和逐一探讨，可以全面地查出中间状态的危险因素，有助于我们考虑清楚防范危险的措施。所谓问题的提问清单，即采用一些启发思考的引导词，来分析工艺过程状态如何偏离设计规定的基准状态。

该方法采用表格分析形式,具有专家分析法的特性,主要适用于连续性生产系统(类似化学工业系统)的安全分析与控制,是一种启发的、实用的定性分析方法。该方法的主要优点在于能相互促进并开拓思路。因此,成功的 HAZOP 分析需要所有参加人员自由地陈述他们各自的观点,不允许成员之间批评或指责以免压制这种创造性过程。但是,为了让 HAZOP 分析过程高效率和高质量,整个分析过程必须有一个系统的规则且按一定的程序进行。

二、HAZOP 特点

危险和可操作性研究的主要特点有:

(1)HAZOP 是从生产系统中的工艺状态参数出发来研究系统中的偏差,运用启发性引导词来研究因温度、压力、流量等状态参数的变动可能引起的各种故障的原因、存在的危险以及采取的对策。

(2)HAZOP 分析方法对新建装置和已投入运行的装置都适用。

(3)HAZOP 是故障类型和影响分析的发展,易于掌握。它研究和运行状态参数有关的因素,从中间过程出发,向前分析其原因,向后分析其结果。向前分析是事故树分析,向后分析是故障类型和影响分析。它有两种分析的特长,因为两种方法都有中间过程。因此,HAZOP 不仅直观有效,而且更易查找事故的基本原因和发展结果。

(4)研究结果既可用于设计的评价,又可用于操作评价;既可用来编制、完善安全规程,又可作为可操作的安全教育材料。

第二节　HAZOP 基本概念和术语

一、HAZOP 分析术语

常用的 HAZOP 分析术语见表5—1。

表5—1 常用 HAZOP 分析术语

项　目	说　明
工艺单元或分析节点	是指具有确定边界的设备(如两容器之间的管线)单元。对单元内工艺参数的偏差进行分析;对位于 PID 图上的工艺参数进行偏差分析

项　目	说　明
操作步骤	是指间歇过程的不连续操作，或者是由 HAZOP 分析组分析得出的操作步骤。可能是手动、自动或计算机自动控制的操作。间歇过程每一步使用的偏差可能与连续过程不同
工艺指标	是指确定装置如何按照希望的操作而不发生偏差，即工艺过程的正常操作条件。采用一系列的表格，用文字或图表进行说明，如工艺说明、流程图、管道图、PID（工艺仪表流程图）等
引导词	是指用于定性或定量设计工艺指标的简单词语，用于引导识别工艺过程的危险
工艺参数	是指与过程有关的物理或化学特性，包括概念性参数如反应、转化、混合、分离及具体参数，如温度、压力、相数及流量等
偏差	是指分析组使用引导词，系统地对每个分析节点的工艺参数（如流量、压力等）进行分析发现的一系列偏离工艺指标的情况（如无流量、压力高等）。偏差的形式通常是用"引导词＋工艺参数"表示
原因	是指发生偏差的原因。一旦找到发生偏差的原因，就意味着找到了对付偏差的方法和手段，这些原因可能是设备故障，人为失误，不可预见的工艺状态（如组成改变），来自外部的破坏（如电源故障）等
后果	是指偏差所造成的结果（如释放出有毒物质）。后果分析时假定发生偏差时，已有安全保护系统失效，不考虑那些细小的与安全无关的后果
安全保护	是指为避免或减轻偏差发生时所造成的后果而设计的工程系统或调节控制系统（如报警、联锁、操作规程等）
措施或建议	是指修改设计、操作规程，或者提出进一步进行分析研究的建议（如增加压力报警装置、改变操作步骤的顺序）

二、引导词

HAZOP 使用引导词来确定状态参数的偏差，进行分析。HAZOP 常用引导词及其意义见表 5—2。

表 5—2　HAZOP 的引导词及其意义

引导词	含　义	说　明
No（空白，无）	对设计意图的否定	设计或操作要求的指标或事件完全不发生

（续表）

引导词	含义	说　明
Less（减量）	数量减少	同标准值比较,数值偏小
More（过量）	数量增加	同标准值比较,数值偏大
Part of（部分）	质的减少	只完成既定功能的一部分
As Well As（伴随）	质的增加	在完成既定功能的同时,伴随多余事件发生
Reverse（相逆）	设计意图的逻辑反面	出现和设计要求完全相反的事或物
Other Than（异常）	完全代替	出现和设计要求不相同的事或物

三、偏差的确定方法

确定偏差最常用的方法是引导词法,即:

$$偏差＝引导词＋工艺参数$$

引导词　　　　　　　工艺参数　　　　　　　　偏差
NONE（空白）　　　＋　FLOW（流量）　　　＝ NONE FLOW（无流量）
MORE（过量）　　　＋　PRESSURE（压力）　＝ HIGH PRESSURE（压力高）
AS WELL AS（伴随）　＋ ONE PHASE（一相）　＝ TWO PHASE（两相）
OTHER THAN（异常）＋ OPERATION（操作）　＝ MAINTENANCE（维修）

使用引导词与工艺参数组合成偏差的注意事项:

常用 HAZOP 分析工艺参数有:流量、温度、时间、pH 值、频率、电压、混合、分离、压力、液位、组成、速度、黏度、信号、添加剂、反应等。这些工艺参数分为两类:一类是概念性的工艺参数,如反应、转化;另一类是具体的工艺参数,如压力、温度。

对于概念性的工艺参数,当与引导词组合成偏差时,常发生歧义,如"过量＋反应"可能是指反应速度快,或者是指生成了大量的产品。对于具体的工艺参数,有必要对一些引导词进行修改。因为有些引导词与具体工艺参数组合后可能无意义或不能称之为"偏差",如"伴随＋压力";或者有些偏差的物理意义不确切,这时就需要拓展引导词的外延和内涵。例如:①对于"时间＋异常",引导词"异常"就是指"快"或"慢";②对于"位置"、"来源"、"目的"而言,引导词"异常"就是指"另一个";③对于"液位"、"温度"、"压力"而言,引导词"过量"就是指"高"。

第三节　分析实施过程

HAZOP 的整个实施过程如图 5-1 所示,包括分析准备、HAZOP 分析、编制分析结果文件、行动方案落实。

一、分析准备

1. 分析组的组成

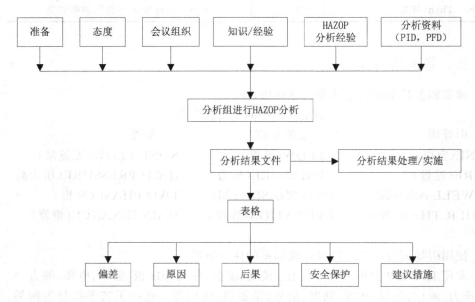

图 5-1　HAZOP 分析实施过程图

HAZOP 分析组的知识、技术与经验对确保分析结果的可信度和深度至关重要,这就要求分析组应当由适当数量且有 HAZOP 分析经验的人员组成。对于大型的、复杂的工艺过程,分析组一般由 5~7 人组成较为理想。如果分析组规模太小,则可能由于参加人员的知识和经验的限制将可能得不到高质量的分析结果。分析组的组长应是具有丰富的 HAZOP 分析经验、独立工作能力且接受过HAZOP 分析专业训练的工程师,最重要是对分析研究的深度具有一定的权威性,能集中力量保证该分析的进行。对于较小的工艺,分析组由 3~4 人组成即可,但都应富有经验。

2. 确定分析的目的、对象和范围

分析的目的、对象和范围必须尽可能的明确。分析对象通常是由装置或项目的负责人确定的,并得到 HAZOP 分析组的组织者的帮助。应当按照正确的方向和既定目标开展分析工作,而且要确定应当考虑到哪些危险后果。

3. 获得必要的资料

在进行 HAZOP 分析工作之前,收集与研究有关的详细资料,一般包括工艺仪表流程图(PID)、工艺流程图(PFD)、系统布置图、装置工艺技术规程、原料安全性能数据表、操作手册(包括设备启动及紧急停车程序)等。

4. 将资料变成适当的表格并拟定分析顺序

为了让分析过程有条不紊,分析组的组织者通常在分析会议开始之前要制订详细的计划,必须花一定的时间根据特定的分析对象确定最佳的分析程序。

5. 安排会议次数和时间

一旦资料收集齐全,分析组组长就可以开始会议的组织工作,制定合理的会议计划。通常需要估算整个过程所需的时间,然后组织者开始安排会议的次数和时间,保证会议高效率进行。

最好把装置划分成几个相对独立的区域,每个区域讨论完毕后,会议组作适当修整,再进行下一区域的分析讨论。应注意的是,分析会议应连续举行,每次应讨论完一个独立的区域,避免间隔时间太长。

对于大型装置或工艺过程,可以考虑组成多个分析组同时进行,由某个分析组的组织者担任协调员,协调员首先将过程分成相对独立的若干部分,然后分配给各个组去完成。

二、HAZOP 分析

HAZOP 分析需要将工艺图或操作程序划分为工艺单元或操作步骤,分析组对每个分析节点使用引导词依次进行分析,得到一系列结果:偏差、原因、后果、安全保护、建议措施。

HAZOP 分析的过程包括:①划分节点;②解释工艺单元或操作步骤;③确定有意义的偏差;④对偏差进行分析。

根据以上流程先选择一个节点、选择一个工艺参数、选择一个引导词,向下进行,完成循环后,再选择一个引导词,重复 3、4 步,直到所有的引导词循环完之后,再进入该节点的下一工艺参数,即进入第 2 步,继续向下循环。当该节点中的工艺参数均分析完之后,再进入下一个节点循环。如此一直分析下去,直到所有节点都得到分析。分析过程如图 5—2 所示。

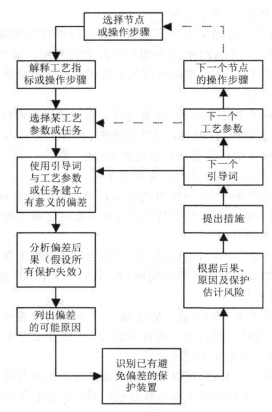

图 5—2　HAZOP 分析过程流程图

三、编制分析结果文件

HAZOP 分析结果应准确地记录下来。会议记录是 HAZOP 分析的一个重要组成部分,会议记录人员将分析讨论过程中所有重要的内容准确地记录在事先设计好的工作表内。HAZOP 分析工作表格参见表 5—3 所示。

表 5—3　HAZOP 分析工作表

| 分析人员:　　　　　　　　　图纸号: | | | | | |
| 会议日期:　　　　　　　　　版本号: | | | | | |

序号	偏差	原因	后果	安全保护	建议措施
分析节点或操作步骤说明,确定设计工艺指标					

第四节　HAZOP 应用实例

例 1　用 HAZOP 对 DAP 反应系统进行分析,DAP 工艺流程图及工艺流程说明详见第二章第三节例 2。

假定研究小组已经成立,并已获取所需资料,分析准备工作已全部完成。

进入 HAZOP 分析过程的第一个步骤划分节点,根据节点的划分原则,对 DAP 生产系统可划分出 7 个节点:①液氨储罐;②氨送入 DAP 反应釜的管线;③磷酸储罐;④磷酸送入 DAP 反应釜的管线;⑤DAP 反应釜;⑥DAP 反应釜到 DAP 储槽的输出管线;⑦DAP 储槽。假设先分析连接 DAP 反应釜的磷酸溶液进料管线。

第二步解释工艺单元或操作步骤。本系统设计工艺指标为磷酸以某规定流量进入 DAP 反应釜。

第三步确定有意义的偏差。如果引导词为"空白",工艺参数为"流量",则偏差即为"空白＋流量＝无流量"。

第四步对偏差进行分析。

先分析磷酸溶液进料管线"无流量"的原因,则为:磷酸储槽中无原料;流量指示器因故障显示高;操作人员设置的硫酸流量太低;磷酸进料管线上的控制阀门 B 因故障关闭;管线堵塞、泄漏或破裂。

根据进料管线"无流量"的原因,分析其可能产生的后果有:反应器中氨过量,未反应的氨进入 DAP 储槽,未反应的氨从 DAP 储槽中溢出到封闭的工作区域。通常这些后果是"无流量"直接导致的最坏的后果,不考虑其在设计或管理中已经采取的安全保护措施。

分析系统在设计或管理中已经采取的安全保护措施,针对可能出现的"无流量",系统在管理中已采取的安全保护为"定期维护阀门"。在分析中仅仅采取这一措施还不够,进一步提出建议措施如下:考虑使用 DAP 封闭储槽,并连接洗涤系统;考虑安装当进入反应釜的磷酸流量低时报警/停车系统;保证定时检查和维护阀门 B。

在对引导词"无"进行分析之后(见表 5—4),选择其他引导词和工艺参数"流量"继续进行分析,每条分析都记录在工作表上,直至所有的有意义的引导词都进行分析之后,再分析下一个参数。每个参数都分析之后,再转入下一个节点。表 5—5～表 5—10 为该反应的其他节点部分偏差 HAZOP 分析工作表。

表 5-4   磷酸送入 DAP 反应釜的管线无流量偏差 HAZOP 分析工作表

分析人员：HAZOP 分析组　　　　　　图纸号：97-OBP-57100
会议日期：　　　　　　　　　　　　版本号：3

序号	偏差	原因	后果	安全保护	建议措施
4.0 管线——磷酸送入 DAP 反应器的管线；磷酸进料流量 x kmol/h，压力 y Pa					
4.2	无(低)流量	磷酸储槽中无原料；流量指示器因故障显示高；操作人员设置的硫酸流量太低；磷酸进料管线上的控制阀门 B 因故障关闭；管道堵塞、泄漏或破裂	未反应的氨带入 DAP 储槽并释放到封闭的工作区域	定期维护阀门 B；氨检测器和报警器	考虑增加磷酸进入反应器流量低时的报警/停车系统；保证定时维护和检查阀门 B；保证封闭工作区域通风良好或者使用封闭的 DAP 储槽

表 5-5   液氨储槽高液位偏差 HAZOP 分析工作表（部分）

分析人员：HAZOP 分析组　　　　　　图纸号：97-OBP-57100
会议日期：　　　　　　　　　　　　版本号：3

序号	偏差	原因	后果	安全保护	建议措施
1.0 容器——液氨储槽；在环境温度和压力下进料					
1.1	高液位	液站来液氨量太大，液氨储槽无足够容积；氨储槽液位指示器因故障显示液位低	氨可能释放到大气中	储槽上装有液位显示器；氨储槽上装有安全阀	检查氨站来液氨量以保证液氨储槽有足够容积；考虑将安全阀排出的氨气送入洗涤器；考虑在氨储槽上安装独立的高液位报警器

表 5－6　氨送入 DAP 反应釜的管线高流量偏差 HAZOP 分析工作表（部分）

| 分析人员：HAZOP 分析组 | | 图纸号：97－OBP－57100 | | |
| 会议日期： | | 版本号：3 | | |

序号	偏差	原因	后果	安全保护	建议措施
2.0 管线——氨送入 DAP 反应器的管线；进入反应器的氨流量为 x kmol/h，压力 z Pa					
2.1	高流量	氨进料管线上的控制阀 A 故障打开；流量指示器因故障显示流量低；操作人员设置的氨流量太高	未反应的氨带到 DAP 储槽并释放到工作区域	定时维护阀门 A、氨检测器和报警器	考虑增加液氨进入反应器流量高时的报警/停车系统；确定定时维护和检查阀门 A；在工作区域确保通风良好，或者使用封闭的 DAP 储槽

表 5－7　磷酸溶液储槽磷酸低浓度偏差 HAZOP 分析工作表（部分）

| 分析人员：HAZOP 分析组 | | 图纸号：97－OBP－57100 | | |
| 会议日期： | | 版本号：3 | | |

序号	偏差	原因	后果	安全保护	建议措施
3.0 容器——磷酸溶液储槽；在环境温度和压力下进料					
3.7	磷酸浓度低	供应商供给的磷酸浓度低；送入进料储槽的磷酸有误	未反应的氨带入 DAP 储槽并释放到封闭的工作区域	磷酸卸料和输送规程；氨检测器和报警器	保证实施物料的处理和接受规程；在操作之前分析储槽的磷酸浓度；保证封闭工作区域通风良好或使用封闭的 DAP 储槽

表 5—8　DAP 反应釜无搅拌偏差 HAZOP 分析工作表（部分）

分析人员：HAZOP 分析组　　　　　　图纸号：97—OBP—57100
会议日期：　　　　　　　　　　　　版本号：3

序号	偏差	原因	后果	安全保护	建议措施
5.0 容器——DAP 反应釜；反应温度为 x ℃，压力为 y Pa					
5.10	无搅拌	搅拌器电动机故障；搅拌器机械联接故障；操作人员未启动搅拌器	未反应的氨进入 DAP 储槽并释放到工作区域	氨检测器和报警器	考虑增加反应器无搅拌时的报警、停车系统；保证封闭工作区域通风良好或使用封闭的 DAP 储槽

表 5—9　DAP 反应釜到 DAP 储槽的输出管线反向流动偏差 HAZOP 分析工作表（部分）

分析人员：HAZOP 分析组　　　　　　图纸号：97—OBP—57100
会议日期：　　　　　　　　　　　　版本号：3

序号	偏差	原因	后果	安全保护	建议措施
6.0 管线——DAP 反应釜到 DAP 储槽的输出管线；产品流量为 y kmol/h，压力 x Pa					
6.3	逆/反向流动	无可靠原因	无严重后果		

表 5—10　DAP 储槽高液位偏差 HAZOP 分析工作表（部分）

分析人员：HAZOP 分析组　　　　　　图纸号：97—OBP—57100
会议日期：　　　　　　　　　　　　版本号：3

序号	偏差	原因	后果	安全保护	建议措施
7.0 容器——DAP 储槽；在环境温度和压力下储存 DAP 产品					
7.1	高液位	从反应釜来的流量太大未输送到下一工序	DAP 从 DAP 储槽中溢出到工作区域导致操作问题（DAP 对人员无危害）	操作人员观察 DAP 储槽液位	考虑在 DAP 储槽增加高液位报警器；考虑在 DAP 储槽周围修一围堰

例 2　某厂生产异氰酸酯,光气和多胺反应生产 PAPI(多亚甲基多苯基多异氰酸酯)为一典型的间歇操作过程,光气和多胺氯苯溶液先在低温光化釜反应后,再用 N_2 压至高温光化釜,高温光化釜通过蒸气加热进行高温光化反应。生产工艺示意图如图 5-3 所示,HAZOP 分析见表 5-11。

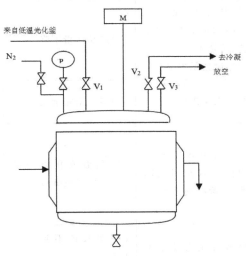

图 5-3　高温光化釜示意图

表 5-11　HAZOP 分析表(部分)

危险和可操作性研究		车间/工段:××车间/××工段 系　　统:高温光化釜 任　　务:投料过程		日　　期: 设计者: 审核者:
关键词	偏差	可能原因	后　果	必要对策
None (空白)	釜内 无物料	(1)低温光化釜内无物料 (2)V_1阀门关闭或打不开 (3)进料管堵塞 (4)输送管线破裂 (5)放空阀 V_2 打不开或未打开 (6)光化釜破裂,物料泄漏 (7)物料压错,进入其他釜 (8)输送物料 N_2 压力低	(1)反应缺原料 (2)釜内压力大,视镜易破裂喷出物料 (3)物料泄漏,易发生火灾,引起人员中毒、伤亡 (4)串釜,容易造成事故	(1)巡回检查线、阀门 (2)检查压力表,保证完好无损 (3)安装低液位报警仪 (4)安装两套不同型号的液位计,定期检查或更换 (5)取消视镜 (6)采取液下泵输送物料 (7)对物料泄漏做进一步故障分析

危险和可操作性研究		车间/工段：××车间/××工段 系　　　统：高温光化釜 任　　　务：投料过程		日　期： 设计者： 审核者：
关键词	偏差	可能原因	后　果	必要对策
Less （少）	温度 过低	(9)蒸气压力不足 (10)冷却水夹套,釜壁结渣,传热不好 (11)温度指示失灵	(5)产品质量下降	(8)安装温度低限报警仪
	保温阶段保温时间不足	(12)工人误操作	(6)多胺未完全反应	(9)采取措施,保证工人按规程操作
More （多）	物料 过多	(13)加料完毕后,忘记关闭阀门或阀门关闭不严,引起物料串釜	(7)高温光化釜易满釜,容易造成事故	(10)巡回检查管线、阀门,阀门应有"开"、"关"标示 (11)分析满釜情况的后果
	保湿阶段温度高	(14)蒸气压力控制不好,压力大 (15)温度指标失灵,蒸气阀门泄漏	(8)多胺得不到充分反应 (9)大量光气跑至尾气破坏系统,造成尾气排放超标	同(8),(9)
More （多）	压力 较高	(16)蒸气加热关闭不及时 (17)温度指示失灵 (18)搅拌效果差 (19)冷凝器泄漏夹套泄漏	(10)同9 (11)物料发泡、分解,局部温度过高,压力上升,易使视镜破裂,喷出物料 (12)发生副反应,有高聚物生成	(12)改冷凝介质为不与光气化学反应的有机介质 (13)每年对光化釜进行一次探伤 (14)安装温度超限报警仪 (15)取消视镜
	升温速率过快	(21)阀门有故障 (22)蒸气加热过快 (23)违反操作规程	(13)受热不均匀,反应失控,压力大,物料进入冷凝器中 (14)大量光气跑至尾气破坏系统,造成尾气排放超标	同(9),(10) 同(15) (16)安装温度控制仪

危险和 可操作性研究		车间/工段：××车间/××工段 系　　　统：高温光化釜 任　　　务：投料过程		日　期： 设计者： 审核者：
关键词	偏差	可能原因	后果	必要对策
More （多）	高温反应 时间长	(24)违反操作规程	(15)发生副反应,有高 聚物生成	同(9)
	压力 过高	(25)放空阀 V₂ 不畅 (26)冷凝器泄漏,水进 入光化釜 (27)光化釜夹套泄漏 (28)温度过高 (29)升温速率过快	同(9),(11) (16)搅拌轴密封失效 或釜内压力大,视镜破 裂,光气外泄	同(10),(12),(14)
	赶气阶段 赶气急	(30)N₂压力高 (31)工人误操作	(17)大量光气跑至尾 气破坏系统,造成尾气 排放超标	同(10)
(As Well As) （伴随）	光化釜内 物料有水	(32)冷凝器泄漏 (33)蒸气夹套阀门 泄漏 (34)物料中有水	(18)物料发泡,影响产 品质量	(17)改冷冻介质为不 与光气反应的有机 介质 (18)巡回检查管线, 阀门 (19)光化前,氯苯必须 进行脱水处理
	光化釜内有 高聚物生成	(35)湿度高	(19)产品质量受影响	同16

复习思考题

1. 什么是危险和可操作性研究? 说明所使用的各个引导词的意义。

2. 危险和可操作性研究是如何进行危险源辨识的?

3. HAZOP 分析的本质和过程是什么?

4. 危险和可操作性研究能得到什么结果?

5. 某废气洗涤系统如图5—4所示,废气中主要危险有害气体包括：HCL 气体、CO 气体。洗涤流程如下：为了稀释废气中 CO 气体和 HCL 气体的浓度,在洗涤废气之前先向废气中通入一定量的氮气，然后再进行洗涤。首先 NaOH 溶液反应器，会吸收混合气中的 HCL 气体，HCL 气体处理完后，会进入到第二个 CO 处理的氧化反应器，在这里会供应氧气进来，跟 CO 起反应燃烧，然后产生 CO_2 排放到大气。请根据给定的条件，用 HAZOP 方法对该系统中氮气流量进行分析。

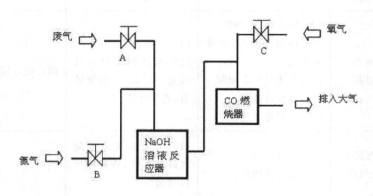

图 5—4　废气洗涤系统示意图

第六章　事件树分析

事件树分析(Event Tree Analysis,简称 ETA)是安全系统工程的重要分析方法之一,它是从某一起始事件开始,按事件的发展顺序考虑各个环节事件成功或失败的发展变化过程,并预测各种可能结果的归纳分析方法。

第一节　事件树分析的原理

事件树分析的理论基础是系统工程的决策论。决策论中的一种决策方法是用决策树分析进行决策的,而事件树分析则是从决策树引申而来的分析方法。

事件树分析最初用于可靠性分析,它是用元件的可靠性表示系统可靠性的系统分析方法之一。系统中的每一个元件,都存在具有或不具有某种规定功能的两种可能。元件正常,说明其具有某种规定功能;元件失效,则说明元件不具有某种规定功能。把元件正常状态称为成功,其状态值为1;把失效状态称为失败,其状态值为0。按照系统的构成状况,顺序分析各元件成功、失败的两种可能性,一般将成功均作为上分支,将失败均作为下分支,不断延续分析,直到最后一个元件,最终形成一个水平放置的树形图。

例如,有一泵和两个阀门串联的物料输送系统,如图 6—1 所示。物料沿箭头方向顺序经过泵 A、阀门 B 和 C。组成系统的元件 A、B、C 都有正常和失效两种状态。根据系统的构成情况,当泵 A 接到启动信号后,可能有两种状态:正常启动开始运行,或失效不能输送物料。将正常作为上分支,失效作为下分支。理论上,n 元素两种状态的组合应有 2^n 种,但事件树的结构是按照系统的具体情况作出的。因此,阀门 B 的正常与失效只接在泵的正常状态分支上。泵 A 处于失效状态系统就失效。阀门 B 和 C 对此结果没有影响,不再延续分析。同样,阀门 B 失效也能导致系统失效,不再继续分析 C 的状态,从而只分析 B 正常时 C 的两种状态。这样,得到四种系统状况的结果,如图 6—2 所示的物料输送系统的事件树。

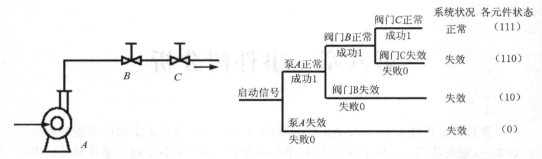

图6-1　物料输送系统1示意图　　　图6-2　物料输送系统1的事件树

　　从事件树看出,只有泵 A 和阀门 B、C 均处于正常状态(三个元件状态值均为1)时,系统才能正常运行,而其他三种状态组合均导致系统的失效。若各元件的可靠度是已知的,可根据元件可靠度求取系统可靠度。例如,元件 A、B、C 的可靠度分别为 R_A、R_B、R_C,则系统可靠度 R_S 为 A、B、C 均处于正常状态时的概率,即三个事件的积事件概率:

$$R_S = R_A \cdot R_B \cdot R_C$$

　　用这种方法,也可以比较相同元件不同结构系统的可靠性。如改变一下图6-1物料输送系统1的结构,将串联阀门 B、C 改为并联,将阀门 C 作为备用阀。当阀门 B 失效时,C 开始工作,其系统流程图如图6-3所示,图6-4是变更后系统事件树图。

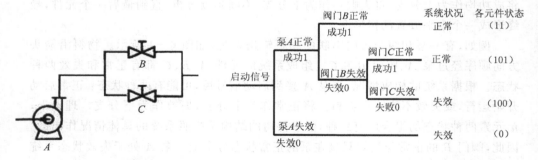

图6-3　物料输送系统2示意图　　　图6-4　物料输送系统2的事件树

　　从图6-4的事件树看出,元件 A、B 正常或元件 A、C 正常、B 失效时系统处于正常状态。根据事件树作图规则,四种系统状态是相互排斥事件,则系统的可靠度为:

$$R_S = R_A \cdot R_B + R_A(1 - R_B)R_C$$

显然,阀门并联的系统可靠度比阀门串联的系统大得多。这就是以低可靠度的元件构成高可靠度系统的系统论思想的体现。对于复杂的系统,仍可根据上述原则绘制事件树。

　　利用上述分析系统可靠性的方法进行事故过程的分析,是安全管理所需要的事件树分析。所不同的是,系统可靠性分析以硬件系统为分析对象,分析元件的正常状态和失效状态;而后者则是以人、物和环境的综合系统为对象,分析各事件成功与失败的两种情况,从而预测各种可能的结果。

　　一起伤亡事故总是由许多事件按着时间的顺序相继发生和演变而成的,后一事件的发生以前一事件为前提。瞬间造成的事故后果,往往是多环节事件连续失效而酿成的。所以,用事件树分析法宏观地分析事故的发展过程,对掌握事故规律,控制事故的发生是非常有益的。

第二节　事件树分析的基本程序及编制过程

一、ETA 的基本程序

1. 确定起始事件

　　起始事件是指在一定条件下能造成事故后果的最初的原因事件。一般指系统故障、设备失效、工艺异常、人员误操作等。起始事件通常选择为系统中可能出现的、能导致事故的偏差或差错(如燃气泄漏),并保证所选择的起始事件与所考虑的全部事件相比,处在时间顺序的最前端。例如,对比"燃气泄漏"、"火灾发生"、"爆炸发生"3 个事件,应以"燃气泄漏"为起始事件;若还考虑"施工挖断输送管线"这一事件,则应以后者为起始事件。

2. 找出环节事件

　　环节事件是指出现在起始事件后一系列造成事故后果的其他原因事件。所需考虑的环节事件通常以安全防护装置的成功或失败,此外还应考虑其他可能对起始事件的发展进程产生影响的事件。例如,当以某系统发生燃气泄漏作为起始事件进行事件树分析时,除了要考虑燃气泄漏检测、报警装置是否正常工作,还应考虑泄漏点附近是否有火源,而这个火源可能并不是系统固有的或系统设计包含的。

　　在安排环节事件的次序时,要注意使之与事件发展的时序逻辑保持一致。例如,从"燃气泄漏"这一起始事件出发,跟随其后的环节事件应该是"燃气泄漏检测装置是否正常工作",而不应是"火灾报警装置是否正常";跟随"火灾发生"这一环节事件之后的应该是"火灾报警装置是否正常工作",而不应该是"人员是否安全疏散"。

　　当两个环节事件的时序可能交换,且交换后对后果有影响时,应分别进行事件树分析。例如,燃气泄漏后,既可能先发生火灾,然后爆炸;也可能先爆炸,然后引起火灾。这两种情况的后果是不同的,最好采用两棵事件树来描述。

3. 编制事件树

将起始事件写在左边,各种环节事件按顺序写在右面,考虑环节事件成功或失败两种状态。画事件树时,为了易于分析,通常结合事件树图以工作表形式表示其分析过程。事件树分析工作表通常包括起始事件、环节事件、结果、状态组合等,位置放在事件树图的上方。

4. 阐明事故结果

描述由起始事件引发的各种事故结果的顺序情况。各种可能结果在事件树分析中称为结果事件。

5. 定量计算

事件树的定量分析基本内容是由各事件的发生概率计算系统故障或事故发生概率。一般当各事件之间相互独立统计时,其定量分析比较简单;当事件之间相互统计不独立时(如共同原因故障、顺序运行等),则定量分析变得非常复杂。设某事件的成功概率为 P_i,则失败概率为 $1-P_i$。这里仅讨论前一种情况。各发展途径的概率等于自起始事件开始的各事件发生概率的乘积。事件树定量分析中,事故发生概率等于导致事故的各发展途径的概率和。

二、编制事件树

事件树编制的原则:

(1)将系统内各个事件按完全对立的两种状态进行分支,然后把事件依次连接成树形,最后再和表示系统状态的输出连接起来。

(2)树图的绘制是根据系统简图由左至右进行的。

(3)在表示各个事件的节点上,一般表示成功事件的分支向上,表示失败事件的分支向下。

(4)每个分支上注明其发生概率,最后分别求出它们的积与和,作为系统的可靠系数。

(5)事件树分析中,形成分支的每个事件的概率之和,一般都等于1。

编制过程:

把起始事件写在最左边,各种环节事件按顺序写在右面;从起始事件画一条水平线到第一个环节事件,在水平线末端画一垂直线段,线段上端表示成功,下端表示失败;再从垂直线段两端分别向右画水平线到下一个环节事件,同样用垂直线段表示成功或失败两种状态;依次类推直到最后一个环节事件为止。如果某一环节事件不需要往下分析则水平线延伸下去,不发生分支。如图6-5所示。

起始事件	环节事件			结果
	环节事件 1	环节事件 2	环节事件 3	

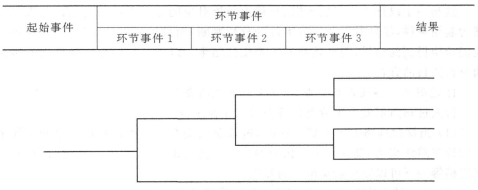

图 6—5 事件树示意图

第三节 事件树分析应用

例 1 行人过马路,就某一段马路而言,可能有车来往,也可能无车通行。当无车时,过马路当然会顺利通过;若有车,则看你是在车前通过还是在车后通过。若在车后过,当然也会顺利通过;若在车前过,则看你是否有充足的时间。如果有,则不会发生车祸,但却很危险;如果没有,则看司机是否采取紧急制动措施或避让措施,若未采取则必然会发生撞人事故,导致人员伤亡;若采取措施,则取决于制动或避让是否有效。有效,则人幸免于难;失败,则必然造成人员伤亡。其事件树如图 6—6 所示。

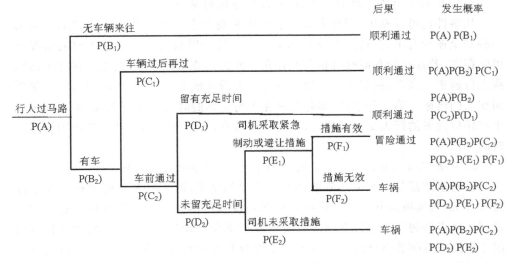

图 6—6 行人过马路事件树

这是一个以行人、司机、车辆、马路为分析对象的综合系统。它是以行人过马路为起始事件，经过对五个环节事件的分析判断，而得出的六种结果，其中四种为我们希望得到的结果，两种是我们不希望的结果。以该事件树分析为例来看事件树分析的目的有：

1. 能够判断事故发生与否，以便采取直观的安全方式

行人过马路不发生事故可以遵循如下四种途径：

（1）当这段马路上无车辆来往时，过马路最安全。因为这时过马路的路线不会和行车路线交叉，没有和车辆相撞的机会。就是说，过马路不宜操之过急，在马路边稍等一下可以完全避免事故的发生。

（2）当马路上有车时，等到车辆过后再横穿马路仍能保证安全。

（3）如果在车辆行驶前方过马路，则必须保证有充足的时间。这就要求准确判断车辆行驶速度和自己的步行速度，也要考虑行走过程会不会发生意外，如滑倒、绊倒等。

（4）如果没有充足的时间，则只能靠司机是否采取制动和避让措施以及这些措施是否奏效。

从前三种途径来看，是否发生事故完全操纵在行人手里。第四种途径则是一种冒险，完全依赖司机的谨慎行车和车辆的性能，实际这是最不可取的。鉴于仍有些年轻人愿意冒险，司机在行车时必须保持高度警惕，随时注意路面情况的变化，保持车辆刹车系统的灵敏可靠，掌握避让的技能。

2. 能够指出消除事故的根本措施，改进系统的安全状况

从事件树可以看出，当行人和车辆形成时间和空间交叉就会发生事故。从第一种安全途径看出，在马路上没有车辆来往时过马路最安全。这在暂时的情况下可能存在，若存在行车高峰时根本不存在。要想创造这种条件，只能另辟行车路线或人行通道。现在，在某些城市建造的过街天桥和地下通道，就是避免人与车辆空间交叉的措施。第二种途径，实际是避免人与车辆的时间交叉。例如，某些繁华区十字路口设置的行人交通指挥灯，就是这种措施，它使行人和车辆错开使用马路的时间。

3. 从宏观角度分析系统可能发生的事故，掌握事故发生的规律

任何事故都是一个多环节事件发展变化的结果，通常将事件树分析称为事故过程分析，其实质是利用逻辑思维的初步规律和逻辑思维的形式分析事故形成的过程。从事件树分析可以看到事故发生发展的全部动态过程（而事故树分析则仅限于事故的瞬间静态分析），它从宏观角度分析系统可能会发生哪些事故（而事故树分析则是从微观角度分析系统中的一种事故），因而能全面掌握系统中各种事故的发生规律。

从行人过马路事件树可以看出,事故是沿着两条路线发展形成的结果。其一是,过马路—有车—车前过—没留充足的时间—司机未采取紧急措施。其二是,过马路—有车—车前过—没留充足的时间—司机采取的紧急措施失效。这就形象直观地反映了事故发展的整个过程,也说明了假如这些环节事件全部失败就会发生事故。但是,这些环节事件中如果有一个环节不失败,则不会形成事故。因此,我们说任何一起事故发生,都是若干个环节连续失败形成的。它是一个连续过程。这种连续过程可称其为事故链。这些事故链相当于骨牌理论中若干直立的骨牌串,前一个骨牌向后倒下,就可引起一连串骨牌倒下。事件树则表示若干骨牌串。如果从中抽掉一个骨牌,则不会造成整串骨牌倒下,由此,亦可指出防止事故的一些办法。

4. 可以找出最严重的事故后果,为确定顶上事件提供依据

事故树分析确定顶上事件需要两个参数,事故损失的严重度 S(事故损失/事故次数)和事故发生概率 Q(事故次数/单位时间),从而求出风险率 R(事故损失/单位时间)($R=SQ$)的大小。通过对起始事件(在图 6-6 行人过马路事件树中的"行人过马路"),估计一个单位时间过马路的次数,对各环节事件给出成功失败的可能性(即发生概率),即能很容易地求出各种后果事件单位时间发生的次数。如果能够估计各种后果事件损失价值的多少,就可以得到每种事故的风险率。这样,就可以以这种统一标准确定事故树的顶上事件。

例 2　在液化气泄漏的情况下,发生火灾爆炸,试进行事件树分析。

(1) 确定起始事件:液化气泄漏。

(2) 找出环节事件:报警仪报警、工作人员发现泄漏、采取及时有效措施、达到爆炸极限、遇火源。

(3) 编制事件树:如图 6-7 所示为液化气泄漏导致火灾爆炸的事件树。

(4) 阐明事故结果。

在液化气泄漏的情况下,发生火灾、爆炸的途径共有四条:

① 液化气泄漏→报警仪报警→工作人员发现泄漏→未能采取及时有效措施→气态烃达到爆炸极限→遇火源;

② 液化气泄漏→报警仪报警→工作人员未发现泄漏→气态烃达到爆炸极限→遇火源;

③ 液化气泄漏→报警仪失效→工作人员发现泄漏→未能采取及时有效措施→气态烃达到爆炸极限→遇火源;

④ 液化气泄漏→报警仪失效→工作人员未发现泄漏→气态烃达到爆炸极限→遇火源。

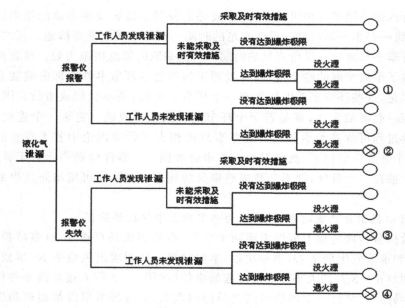

图6—7　液化气泄漏导致火灾爆炸的事件树

(5) 定量计算

① 确定每个起始事件和环节事件的概率,事件成功概率为 q,事件失败概率为 $1-q$,假设各事件成功概率如表 6—1 所示。

表 6—1　各事件概率表

事件	内　容	故障率 h^{-1}
X_1	液化气泄漏	10^{-7}
X_2	报警仪失效	10^{-5}
X_3	工作人员未发现泄漏	10^{-4}
X_4	未能采取及时有效措施	3×10^{-5}
X_5	达到爆炸极限	5×10^{-8}
X_6	遇火源	2×10^{-3}

② 发生事故的每条途径的概率为各事件的概率积;如途径(1)的概率:

$$P(1) = q_1(1-q_2)(1-q_3)q_4 q_5 q_6$$

③ 事故发生概率为各途径概率之和:

$$P(T) = P_1 + P_2 + P_3 + P_4$$
$$= q_1(1-q_2)(1-q_3)q_4 q_5 q_6 + q_1(1-q_2)q_3 q_5 q_6$$
$$+ q_1 q_2(1-q_3)q_4 q_5 q_6 + q_1 q_2 q_3 q_5 q_6$$

例3　图6—8是用事件树分析法分析某汽车厂机械维修工人在安装汽车发动机清洗设备的升降装置时,由于钻削困难,脚手架不合适,工人对此工作又不熟练,反应迟钝,地面条件差等原因,造成从脚手架上摔下的死亡事件。从图中可以看出,1、2为安全作业,3、4、5不会发生死亡事件,但有潜在危险,第6种情况则发生死亡事件。

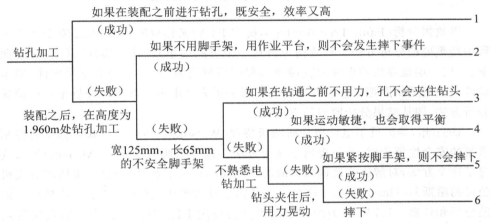

图6—8　维修工人从清洗装置上摔下死亡的事件树

复习思考题

1. 事件树分析的实质和目的是什么?

2. 事件树分析的特点是什么?

3. 事件树如何进行定性分析? 如何进行定量分析?

4. 某储罐有可燃物质,因泄漏引起火灾,进行事件树分析。设火灾事故过程如下: 有可燃物泄漏、火源、着火、报警、灭火、人员脱离。

5. 某仓库设有火灾检测系统和喷淋系统组成的自动灭火系统。设火灾检测系统可靠度和喷淋系统可靠度均为 0.99,试建造事件树并应用事件树分析法计算一旦失火时自动灭火失败的概率。若灭火失败所造成的事故损失为 95 万元,计算其风险率。

第七章 事故树分析

第一节 事故树概述

事故树分析(Fault Tree Analysis,简称 FTA)又称故障树分析,是安全系统工程中最重要的分析方法。事故树分析从一个可能的事故(顶上事件)开始,自上而下、一层一层地寻找顶事件的直接原因和间接原因事件,直到基本原因事件(基本事件),并用逻辑图把这些事件之间的逻辑关系表达出来。事故树分析是一种演绎分析方法,即从结果分析原因的方法。

1961 年,美国贝尔电话研究所的沃特森(Watson)在研究民兵式导弹发射控制系统的安全性评价时,首先提出了这个方法。接着该所的默恩斯(Mearns)等人改进了这个方法,对解决火箭偶发事故的预测问题作出了贡献。其后,美国波音飞机公司的哈斯尔(Hassl)等人对这个方法又作了重大改进,并采用电子计算机进行辅助分析和计算。1974 年,美国原子能委员会应用 FTA 对商用核电站的灾害危险性进行评价,发表了拉斯姆逊报告,引起世界各国的关注。此后,FTA 从军工迅速推广到机械、电子、矿业、化工、建筑、冶金等民用工业。

我国对事故树分析技术的研究和应用也取得了大量成果。1976 年,清华大学核能技术研究所在核反应堆的安全评价方面开始应用了事故树分析方法。1978年,天津东方红化工厂首次用事故树分析方法来控制生产中的事故,取得了成功的经验。1982 年,在全国第一次安全系统工程座谈会上,介绍和推广了事故树分析方法,以后又在许多企业应用和推广。实践证明,事故树分析法完全适用于各行业、各单位的安全管理,是一种具有广阔的应用范围和发展前途的系统安全分析方法。

一、事故树的特点

事故树分析的特点主要有:

(1)FTA 是一种图形演绎方法,是事故事件在一定条件下的逻辑推理方法。它围绕某特定事故作层层深入的分析,清晰的事故树图形表达了系统内各事件间的内在联系,以及单元故障与系统事故间的逻辑关系,便于找出系统薄弱环节。

(2)FTA 具有很大的灵活性。它不仅可以分析某些单元故障对系统的影响,还可以对导致系统事故的环境因素和人为失误等进行分析。既能分析已发生的事故，又能预测发生事故的可能性。

（3）进行事故树分析的过程，是一个对系统更深入认识的过程，它要求分析人员把握系统内各要素的内在联系，弄清各种潜在因素对事故发生影响的途径和程度，因而许多问题在分析中就被发现和解决了，从而提高了系统的安全性。

（4）既可定性分析，又可定量分析。定性分析可以详细分析事故发生的各种原因。事故树分析可以定量计算复杂系统发生事故的概率，为改善和评价系统安全性提供了定量依据。

事故树分析还存在许多不足之处，主要是需要花费大量的人力、物力和时间；难度较大，建树过程复杂，需要经验丰富的技术人员参加，即使这样也难免发生遗漏和错误；复杂系统各基本事件发生概率难以获取，因而定量分析很难实现；虽然可以考虑人的因素，但人的失误很难量化等。

二、事故树分析步骤

事故树分析是根据系统可能发生的事故或已经发生的事故所提供的信息，去寻找事故发生的原因，从而采取有效的防范措施，防止同类事故再次发生。事故树分析一般按下述步骤进行：

1. 编制事故树

（1）确定所分析的系统。确定分析系统即确定系统所包括的内容及其边界范围。事故树分析的对象必须是确定的一类系统，例如，如果分析的是冲床系统，则必须明确是何种类型的冲床，开式的或闭式的；大型的、中型的或小型的；是单人操作还是多人配合操作，等等。如果系统不明确，必然导致分析不明确，别人理解也困难。

（2）熟悉所分析的系统。熟悉系统是指熟悉系统的整体情况。对于已经确定的系统要进行深入的调查研究，了解其构成、性能、操作、维修等情况，必要时根据系统的工艺、操作内容画出工艺流程图及布置图。这项工作是编制事故树的基础和依据。只有熟悉系统，才能作出切合实际的分析。

（3）调查系统发生的各类事故。这里指的是收集、调查所分析系统过去、现在以及将来可能发生的事故，同时还要收集、调查本单位与外单位、国内与国外同类系统曾发生的所有事故。这项工作是全面掌握系统事故的基础和依据，有利于确定事故类型。

（4）确定事故树的顶上事件。所谓顶上事件就是我们所要分析的对象事件。就某一确定的系统而言，可能会发生多种事故，但究竟以哪种事故作为分析对象呢？这要根据事故调查和统计分析的结果，参照事故发生的频率和事故损失的严重程度这两个参数来确定。一般首先确定那些易于发生且后果严重的事故作为事故树分析的对象。当然，也常把频率不高但后果非常严重的事故，以及后果虽不太严重但发生非常频繁的事故作为顶上事件。

（5）调查与顶上事件有关的所有原因事件。原因事件是从人、机、环境和管理各方面调查与事故树顶上事件有关的所有事故原因。这些原因事件包括：机械设备的元件故障；原材料、能源供应、半成品、工具等的缺陷；生产管理、指挥、操作上的失误与错误；影响顶上事件发生的不良环境等。

（6）事故树作图。把事故树顶上事件和引起顶上事件的原因事件，采用一些规定的符号，按照一定的逻辑关系，绘制反映事件之间因果关系的树形图。画出事故树图，就是按照演绎分析的原则，从顶上事件起，一级一级往下分析各自的直接原因事件，根据彼此间的逻辑关系，用逻辑门连接上下层事件，直至所要求的分析深度，最后就形成一株倒置的逻辑树形图。事故树在编制过程中还要不断进行检查，即检查树图是否符合逻辑分析原则，逻辑门的使用是否合理，直接原因是否全部找齐。

2. 事故树定性分析

定性分析是事故树分析的核心内容。其目的是分析事故的发生规律及特点，找出控制该事故的可行方案，并从事故树结构上分析各基本原因事件的重要程度，以便按轻重缓急分别采取对策。事故树定性分析的主要内容有：

（1）利用布尔代数化简事故树；

（2）求取事故树的最小割集或最小径集；

（3）进行结构重要度分析。

3. 事故树定量分析

事故树定量分析是用数据来表示系统的安全状况。其内容包括：

（1）确定引起事故发生的各基本原因事件的发生概率；

（2）计算事故树顶上事件发生概率，并将计算结果与通过统计分析得出的事故发生概率进行比较。如果两者不符，则必须重新考虑编制事故树图是否正确，即检查原因事件是否找齐，上下层之间的逻辑关系是否正确，以及各基本原因事件的故障率、失误率是否估计得过高或过低等；

（3）计算基本原因事件的概率重要度和临界重要度。

4. 制定事故预防对策

根据分析的结果，研究预防事故的对策，结合本单位的实际情况，制定切实可行的具体预防措施，并付诸实现。

上述的事故树分析步骤包括了定性和定量分析两大类。但在缺乏设备故障率和人为失误率的实际资料的情况下，可以只进行定性分析。但实践证明，只进行定性分析也能取得良好的效果。

第二节　事故树的编制

一、事故树的符号及其意义

事故树是由各种事件符号和逻辑门符号组成的。事件符号是树的节点,逻辑门是表示相关节点之间逻辑连接关系的判别符号。下面简要介绍几种最常用的事故树符号。

1. 事件符号

1)矩形符号[见图 7—1(a)]

矩形符号表示顶上事件或中间事件,也就是需要往下分析的事件。事故树分析是对具体系统做具体分析,所以顶上事件一定要明确定义,不能笼统、含糊。例如把"着火爆炸"作为顶上事件分析就很笼统,人们不知道分析的是着火还是爆炸,是哪个部位,以什么形式着火或爆炸,分析的结果也将是无的放矢。若以"油库着火"事故为顶上事件,在明确系统范围的情况下,就可根据油库特点进行着火分析,得出的分析结果对实际工作才会有较大的指导意义。

2)圆形符号[见图 7—1(b)]

表示基本原因事件。即最基本的、不能再往下分析的事件,一般表示缺陷事件。如人的差错、机械设备等元件的故障和与事故发生有关的不良环境等。

3)房形符号[见图 7—1(c)]

表示正常事件,即系统在正常状态下发挥正常功能的事件。因为事故树分析是一种严密的逻辑分析。在某些情况下,没有正常事件的存在,分析就缺乏逻辑的严密性,因此也有人称其为激发事件。

4)菱形符号[见图 7—1(d)]

菱形符号有两种意义:一是表示省略事件,即没有必要详细分析或其原因尚不明确的事件;二是表示二次事件,即不是本系统的事故原因事件,而是来自系统之外的原因事件。例如,在分析室内着火时,室外的火源(能引起室内着火)就是二次事件。

事件符号使用时,应将事件扼要写入符号内。四种事件符号中只有矩形符号是必须往下分析的事件,其余三种都是无需进一步往下分析的事件,故三者合称基本事件。

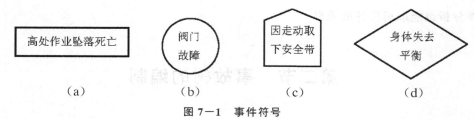

（a）　　　　　　（b）　　　　　　（c）　　　　　　（d）

图 7—1　事件符号

2. 逻辑门符号

事故树中的逻辑门,除非门和限制门外,其他逻辑门至少有两个输入而只有一个输出。

1）与门（AND gate）

与门连接表示在下层输入 E_1、E_2、…、E_n 事件都发生的条件下,上端才有输出事件 A 发生,如图 7—2(a)所示。正如串联的电路开关一样,只有每个开关都合闸时,电路才能接通。其表达式为:

$$A = E_1 \cdot E_2 \cdot \cdots \cdot E_n \quad （逻辑乘）$$

2）或门（OR gate）

或门连接表示在下层输入 E_1、E_2、…、E_n 事件中任意一个发生的条件下,上端就有输出事件 A 发生,如图 7—2(b)所示。正如并联的电路开关一样,只要闭合任意一个开关,电路就能接通。其表达式为:

$$A = E_1 + E_2 + \cdots + E_n （逻辑和）$$

3）非门（NO gate）

非门连接表示事件 E 输入就得不到作为结果事件 A 输出,或者必须不输入 E 事件,才能得到结果事件 A 的输出,如图 7—2(c)所示。其表达式为:

$$A = \overline{E} \quad （逻辑非）$$

4）条件与门[见图 7—2(d)]

条件与门连接表示输入事件 E_1、E_2、…、E_n 同时发生时,A 并不发生,只有还满足条件 α 时,A 才发生。条件写入右边六边形内,它相当于 $n+1$ 个输入条件的与门,其表达式为:

$$A = E_1 \cdot E_2 \cdot \cdots \cdot E_n \cdot \alpha$$

5）条件或门[见图 7—2(e)]

条件或门连接表示输入事件 E_1、E_2、…、E_n 任一事件发生,还必须满足条件 β 时,输出事件 A 才会发生。条件写入右边六边形内,其表达式为:

$$A = (E_1 + E_2 + \cdots + E_n) \cdot \beta$$

6）限制门[见图 7—2(f)]

限制门是逻辑上的一种修饰符号,即当输入事件 E 发生且满足事件 α 时,才产

生输出事件 A。否则，如果不满足 α 时，则输出事件 A 不发生。其具体条件写在椭圆形符号内。

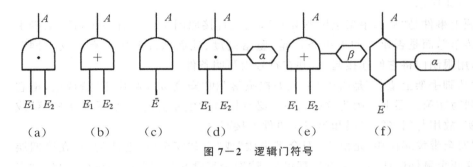

（a）　　　（b）　　　（c）　　　（d）　　　（e）　　　（f）

图 7—2　逻辑门符号

其他逻辑门符号，如排斥或门、优先与门、表决门等，由于使用较少，在此不作介绍。

3. 转移符号

转移符号的作用是表示部分树的转入和转出。主要用在：当事故树规模很大，一张图纸不能绘出树的全部内容，需要在其他图纸上继续完成时；或者整个树中多处包含同样的部分树。为简化起见，以转入、转出符号标明之。常用的转移符号有两种。

1）转出符号[见图 7—3(a)]

转出符号表示事故树的这部分向其他部分转出。三角形相当于一个指示器；三角形内应标出此部分树向何处转移。

2）转入符号[见图 7—3(b)]

转入符号是与转出符号相配对的一个符号。它表示来自于"转出"相对应的转入。三角形内应标出何处转入。在有若干转入、转出符号时，三角形内要对应标明数码，以示呼应。

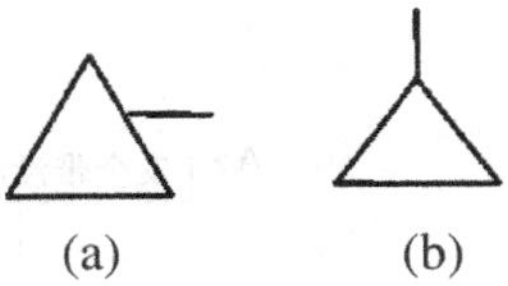

（a）　　　　　（b）

图 7—3　转移符号

二、事故树的编制

事故树分析法采用了由结果到原因的演绎分析方法，即先确定事故的结果，称为顶上事件（第一层），画在最顶端，矩形框内写明顶上事件名称。然后再找出顶上事件的直接原因或构成它的缺陷事件，如设备的缺陷、操作者的失误等，这是第二层。第一层和第二层之间用逻辑门连接。在第二层确定以后，再进一步找出造成第二层事件（为中间事件）的直接原因，成为第三层，用逻辑门连接第二层和第三层。按照这样一层一层地分析下去，直到每一个事件不再往下分析为止，每层之间用逻辑门符号连接以说明上下层之间的关系,最后得到一株完整的事故树。

现以建筑工人"从脚手架上坠落死亡"事故分析为例,说明事故树的编制过程。如图7—4所示。

顶上事件是"从脚手架上坠落死亡",死亡直接原因事件只有一个,即"从脚手架上坠落",而是否死亡的先决条件是"坠落高度、地面状况和中间有无安全网"。因此,用限制门将它们连接起来,并在符号内写明条件。

"从脚手架上坠落"是由于"工人失控坠落"和"安全带没起作用"造成的,把它们并列写在第三层上。因为这两个事件必须同时发生才会使"从脚手架上坠落"成为事实,故用与门将第二层和第三层事件连接起来。

"安全带没起作用"是由于"安全带失效"或"没戴安全带"造成的,写在第四层上。这两个事件中任何一个发生都可造成"安全带没起作用",故用或门连接。"安全带失效"是由于"支撑物损坏"或"安全带损坏"所致,用或门连接。"没带安全带"是由"因走动取下"(这是正常事件,用屋形符号表示)或"忘记佩戴安全带"造成的,用或门连接。

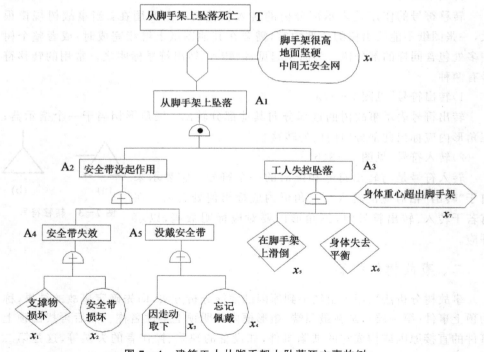

图7—4 建筑工人从脚手架上坠落死亡事故树

另一分支"工人失控坠落"是因"在脚手架上滑倒"或"身体失去平衡"所致,把它们写在第四层。但是,在这种事件发生时,只有满足"身体重心超出脚手架"这个条件时才会有"工人失控坠落"事故发生,所以用条件或门连接,把条件写入六边形符号内。第五层以下没有必要再分析下去了,所以用菱形符号表示。这就是"从脚手架上坠落死亡"事故树的整个编制过程。

第三节　事故树的数学描述

一、布尔代数

事故树的化简以及求最小割集、最小径集等事故树定性分析,需要使用布尔代数。布尔代数是英国数学家布尔提出的一种逻辑运算方法,是集合论的一部分。假定 I 是一个集合, A 、 B 、 C …为 I 的子集, A 与 B 的并集(逻辑和)用 $A+B$ 或 $A\bigcup B$ 表示, A 与 B 的交集(逻辑积)用 $A\cdot B$ 或 $A\bigcap B$ 表示,0 表示空集, $\overline{A}$ 、 $\overline{B}$ 、 $\overline{C}$ …分别表示 A 、 B 、 C …的补集。布尔代数的主要公式如表 7—1 所示。

表 7—1　布尔代数的主要公式

集合与空集合	$A\cdot I=A,A\cdot 0=0$
	$A+0=A,A+I=I$
反馈法则	$A=\overline{\overline{A}}$
求补法则	$A\cdot\overline{A}=0,A+\overline{A}=I$
幂等法则	$A\cdot A=A,A+A=A$
交换法则	$A\cdot B=B\cdot A,A+B=B+A$
结合法则	$A(B\cdot C)=(A\cdot B)C,A+(B+C)=(A+B)+C$
分配法则	$A(B+C)=(A\cdot B)+(A\cdot C)$
	$A+(B\cdot C)=(A+B)\cdot(A+C)$
	$(A+B)\cdot(C+D)=A\cdot C+A\cdot D+B\cdot C+B\cdot D$
吸收法则	$A(A+B)=A,A+(A\cdot B)=A$
对偶法则	$\overline{A\cdot B}=\overline{A}+\overline{B},\overline{A+B}=\overline{A}\cdot\overline{B}$

二、事件概率及其计算

在进行事故树定量分析时,需要计算事件发生的概率。假定事件 x_1 、 x_2 、…、 x_n 的发生概率分别为 P_1 、 P_2 、…、 P_n ,在运算时主要使用的逻辑积与逻辑和公式有:

1. 几个独立事件逻辑积的概率

$$P(x_1 \cdot x_2 \cdot \cdots \cdot x_n) = \prod_{i=1}^{n} P_i = P_1 \cdot P_2 \cdot \cdots \cdot P_n \tag{7-1}$$

几个独立事件逻辑和的概率

$$P(x_1 + x_2 + \cdots + x_n) = 1 - \prod_{i=1}^{n} (1-P_i) = 1 - (1-P_1)(1-P_2)\cdots(1-P_n)$$

$$\tag{7-2}$$

2. 排斥事件逻辑和的概率

$$P(x_1 + x_2 + \cdots + x_n) = \sum_{i=1}^{n} P_i = P_1 + P_2 + \cdots + P_n$$

3. 互相不独立的两种事件逻辑积的概率

$$P(x_1 \cdot x_2) = P_1 \cdot (P_2/P_1) = P_2 \cdot (P_1/P_2)$$

式中，P_2/P_1 是在 x_1 发生的条件下，x_2 的发生概率；

P_1/P_2 是在 x_2 发生的条件下，x_1 的发生概率（条件概率）。

三、事故树的化简

在事故树编制完成之后，需要利用布尔代数对事故树进行化简。特别是在事故树的不同位置存在相同基本事件时，必须用布尔代数整理化简，然后才能进行定性、定量分析，否则就可能造成分析错误。

例如图 7-5 所示事故树，顶上事件为 T，基本事件为 x_1、x_2、x_3，其发生概率分别为 $q_1 = q_2 = q_3 = 0.1$，按事故树的逻辑关系，列出结构式如下：

$$T = A_1 A_2 = x_1 x_2 (x_1 + x_3)$$

按独立事件的概率和与积的计算公式，顶上事件的发生概率为：

$$q_T = q_1 \cdot q_2 [1 - (1-q_1)(1-q_3)]$$
$$= 0.1 \times 0.1 \times [1 - (1-0.1)(1-0.1)]$$
$$= 0.0019$$

如果我们利用布尔代数对上述结构式整理、化简，则

$$
\begin{aligned}
T &= x_1 x_2 (x_1 + x_3) = x_1 x_2 x_1 + x_1 x_2 x_3 & \text{（分配律）}\\
&= x_1 x_1 x_2 + x_1 x_2 x_3 & \text{（交换律）}\\
&= x_1 x_2 + x_1 x_2 x_3 & \text{（幂等律）}\\
&= x_1 x_2 & \text{（吸收律）}
\end{aligned}
$$

这样，原事故树化简后的等效树（经过化简的事故树与原事故树在逻辑关系上是等价的，根据化简后的结构式重画的事故树，称为等效树）就是一个由两个事件组成的，通过一个与门和顶上事件连接的新事故树，如图 7-6 所示。其顶上事件

正确的概率值为：

$$q_T = q_1 \cdot q_2 = 0.1 \times 0.1 = 0.1$$

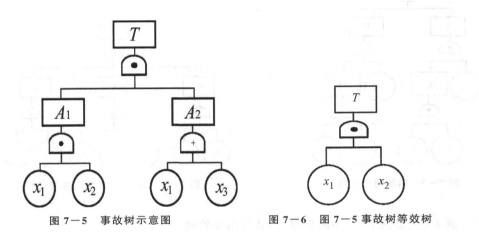

图7—5　事故树示意图　　　　　　图7—6　图7—5事故树等效树

为什么第一种按事故树结构式计算顶上事件概率是错误的呢？这是因为事故树中有与顶上事件无关的事件。从化简结果看出：如果 x_1、x_2 发生，则不管 x_3 是否发生，顶上事件都必然发生。然而，当 x_3 发生时，要使顶上事件发生，也必须有 x_1、x_2 发生做条件。因此 x_3 是多余的，在计算顶上事件概率时，只能按图7—6事故树等效树计算。下面再举两例说明利用布尔代数化简事故树的方法。

例1　化简图7—7中的事故树，并作出等效树。

解：根据事故树图：

$$\begin{aligned}
T = A \cdot B &= (x_1 + C)(x_1 + D) = (x_1 + x_2 x_3)(x_2 + x_4 x_5) \\
&= x_1 x_2 + x_1 x_4 x_5 + x_2 x_3 x_2 + x_2 x_3 x_4 x_5 \quad &\text{（分配律）} \\
&= x_1 x_2 + x_1 x_4 x_5 + x_2 x_2 x_3 + x_2 x_3 x_4 x_5 \quad &\text{（交换律）} \\
&= x_1 x_2 + x_1 x_4 x_5 + x_2 x_3 + x_2 x_3 x_4 x_5 \quad &\text{（幂等律）} \\
&= x_1 x_2 + x_1 x_4 x_5 + x_2 x_3 \quad &\text{（吸收律）}
\end{aligned}$$

根据化简后的布尔表达式，图7—7事故树的等效树表达成一个包含三层事件（顶上事件、中间事件、基本事件）的等效树。其中，顶上事件与中间事件用"或门"连接，中间事件与其中所包含的基本事件用"与门"连接，即"或"门下的三个"与"门结构，如图7—8所示。

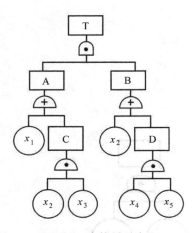

图 7—7 事故树示意图

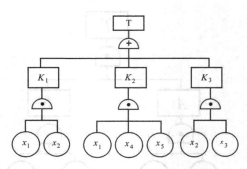

图 7—8 图 7—7 事故树的等效树

例 2 化简图 7—9 中的事故树,并作出等效树。

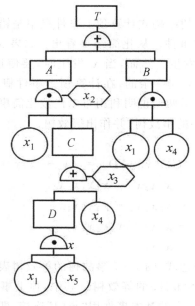

图 7—9 事故树示意图

解:$T = A + B = x_1 C x_2 + x_1 x_4 = x_1 (D + x_4) x_3 x_2 + x_1 x_4$

$= x_1 (x_1 x_5 + x_4) x_3 x_2 + x_1 x_4$

$= x_1 x_1 x_5 x_3 x_2 + x_1 x_4 x_3 x_2 + x_1 x_4$ （分配律）

$$= x_1 x_5 x_3 x_2 + x_1 x_4 x_3 x_2 + x_1 x_4 \qquad （幂等律）$$
$$= x_1 x_5 x_3 x_2 + x_1 x_4 \qquad （吸收律）$$
$$= x_1 x_2 x_3 x_5 + x_1 x_4 \qquad （交换律）$$

原事故树的等效树如图 7—10 所示。

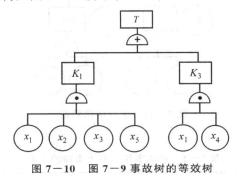

图 7—10　图 7—9 事故树的等效树

第四节　定性分析

一、最小割集及其求法

1. 最小割集的定义

割集,亦称截止集或截集,它是导致顶上事件发生的基本事件的集合。事故树中,一组基本事件发生能够导致顶上事件发生,这组基本事件就称为割集。

顶上事件的发生是由构成事故树的各基本事件的状态决定的。显然,顶上事件并不需要所有基本事件都发生才发生,而是只要有某些基本事件组合的发生即能构成顶上事件发生。那么如何找出这些基本事件组合呢? 现以具有四个基本事件的事故树为例加以说明,如图 7—11 所示。

设由 n 个独立的基本事件组成的事故树,则每个基本事件都可以取两个数值变量。基本事件发生时的状态 $x_i = 1$;基本事件不发生时状态 $x_i = 0$。设表示顶上事件的状态为 $\varphi(x)$,则顶上事件发生时的状态 $\varphi(x) = 1$,顶上事件不发生时的状态 $\varphi(x) = 0$。由此可以列出图 7—11 事故树的真值表,即从全部基本事件状态为 0 开始,采取二进制方法,列出到全部基本事件状态为 1 时止,以观察基本事件状态对顶上事件状态的影响。

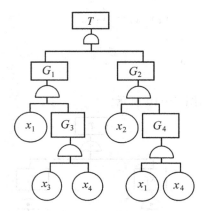

图 7-11 事故树示意图

表 7-2 基本事件与顶上事件的关系

x_1	x_2	x_3	x_4	$\varphi(x)$	x_1	x_2	x_3	x_4	$\varphi(x)$
0	0	0	0	0	1	0	0	0	0
0	0	0	1	0	1	0	0	1	1
0	0	1	0	0	1	0	1	0	1
0	0	1	1	0	1	0	1	1	1
0	1	0	0	0	1	1	0	0	1
0	1	0	1	1	1	1	0	1	1
0	1	1	0	0	1	1	1	0	1
0	1	1	1	1	1	1	1	1	1

从表 7-2 可看出,所有基本事件(共有 n 个)状态的不同组合共有 2^n 个,其中能够导致顶上事件发生(呈 1 状态)的组合共有 9 个。凡使顶上事件状态 $\varphi(x)$ 呈 1 的基本事件组合称为割集。表 7-2 列出的 9 个割集如下:(x_2,x_4),(x_2,x_3,x_4),(x_1,x_4),(x_1,x_3),(x_1,x_3,x_4),(x_1,x_2),(x_1,x_2,x_4),(x_1,x_2,x_3),(x_1,x_2,x_3,x_4)。

但是其中有些割集包含另一些割集,应该找出其中的最小割集。例如割集 (x_1,x_3,x_4) 与 (x_1,x_3) 相比,就不是最小的。从这 9 个割集中找出最小割集共有 4 个,即 (x_2,x_4),(x_1,x_4),(x_1,x_3),(x_1,x_2)。因此,事故树的最小割集就是导致顶上事件发生的最低限度的割集,即在最小割集中去掉一个基本事件就不再是割集了。研究最小割集,就是研究系统发生事故的规律和表现形式。

2. 最小割集的求法

最小割集的求法大致有五种：布尔代数化简法、行列法、结构法、质数代入法和矩阵法。下面仅介绍布尔代数化简法和行列法。

1）布尔代数化简法

实践证明，事故树经过布尔代数化简，得到若干交集的并集，每一个交集都是一个最小割集。这样，就可以通过布尔代数化简得到这种结构式，从而求出最小割集。以图 7－12 事故树为例，利用布尔代数化简法求其最小割集如下：

$$T = A_1 + A_2 = x_1 \cdot A_3 \cdot x_2 + x_4 \cdot A_4$$
$$= x_1(x_1 + x_3) \cdot x_2 + x_4 \cdot (A_5 + x_6)$$
$$= x_1 x_1 x_2 + x_1 x_3 x_2 + x_4(x_4 x_5 + x_6)$$
$$= x_1 x_2 + x_1 x_2 x_3 + x_4 x_4 x_5 + x_4 x_6$$
$$= x_1 x_2 + x_4 x_5 + x_4 x_6$$

最终得到三个最小割集：

$$K_1 = \{x_1, x_2\}, \ K_2 = \{x_4, x_5\}, \ K_3 = \{x_4, x_6\}$$

根据最小割集的定义，可以绘制出用最小割集表示的事故树的等效树 7－13。

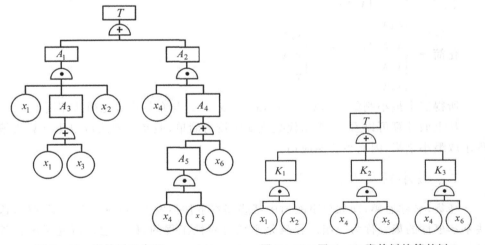

图 7－12　事故树示意图　　　　图 7－13　图 7－12 事故树的等效树

2）行列法

这种方法是由福塞尔提出的，所以又称福塞尔法。其理论依据是："与"门使割集容量（即割集内包含的基本事件的数量）增加，而不增加割集的数量；"或"门使割集的数量增加，而不增加割集的容量。求解最小割集首先从顶上事件开始，用下层事件代替上一层事件，把"与"门连接的事件横向写在一行内；把"或"门连接的事件纵向排开。这样逐层向下,直至各基本事件为止,列出若干行。再用布尔代数化简,结果就得到若干最小割集。

下面以图 7—12 事故树为例,求其最小割集。

如图所示,顶上事件与下一层中间事件 A_1、A_2 是用或门连接的,故 T 被 A_1、A_2 代替时,纵向排开。

$$T \xrightarrow{\text{或门}} \begin{cases} A_1 \\ A_2 \end{cases}, A_1、A_2 \text{与下层事件 } A_3、A_4、x_1、x_2、x_4 \text{ 之间均用与门连接,故仍}$$

保持两行。

$$\begin{cases} A_1 \xrightarrow{\text{与门}} x_1 A_3 x_2 \\ A_2 \xrightarrow{\text{与门}} x_4 A_4 \end{cases}$$

同理

$$\begin{cases} x_1 A_3 x_2 \xrightarrow{\text{或门}} \begin{cases} x_1 x_1 x_2 \\ x_1 x_3 x_2 \end{cases} \\ \\ x_4 A_4 \xrightarrow{\text{或门}} \begin{cases} x_4 A_5 \xrightarrow{\text{与门}} x_4 x_4 x_5 \\ x_4 x_6 \end{cases} \end{cases}$$

通过布尔代数化简,变为:

$$\text{化简} \rightarrow \begin{cases} x_1 x_2 \\ x_1 x_2 x_3 \\ x_4 x_5 \\ x_4 x_6 \end{cases} \xrightarrow{\text{化简}} \begin{cases} x_1 x_2 \\ x_4 x_5 \\ x_4 x_6 \end{cases}$$

所得三个最小割集 $\{x_1, x_2\}$,$\{x_4, x_5\}$,$\{x_4, x_6\}$ 与布尔代数化简法相同。

从上面计算可以看出,布尔代数化简法较为简单,但是行列法可以用计算机编程求取最小割集,因而被普遍应用。

二、最小径集及其求法

径集,又称通集,即如果事故树中某些基本事件不发生,则顶上事件不发生,这些基本事件的集合称为径集。径集是系统可靠性工程的概念,它是研究系统正常运行需要保证哪些基本环节正常发挥作用的问题。

最小径集是顶上事件不发生所必需的最低限度的径集。

求最小径集可以利用它与最小割集的对偶性。根据布尔代数的对偶法则:

$$\overline{A \cdot B} = \overline{A} + \overline{B} \quad \text{和} \quad \overline{A + B} = \overline{A} \cdot \overline{B}$$

这表明,事件"与"的补等于补事件的"或",事件"或"的补等于补事件的"与"。如果把事故树顶上事件发生用事件不发生代替,把"与"门换成"或"门,把"或"门换成"与"门,便可得到与原事故树对偶的成功树。求出成功树的最小割集,即可得到原事故树的最小径集。

求取事故树最小径集的步骤为：

（1）首先将事故树转化为成功树；

（2）求成功树的最小割集；

（3）成功树最小割集的各基本事件求补，即得到事故树的最小径集。

仍以图$7-12$事故树为例，用布尔代数化简法求其成功树的最小割集。图$7-14$为原事故树的成功树，图中用T'、A'_1、$A'_2\cdots A'_3$，x'_1、$x'_2\cdots x'_6$表示事件T、A_1、A_2、$\cdots$、A_5、x_1、x_2、$\cdots$、x_6的补事件，即成功事件。事故树是以事故作为顶上事件进行分析的，如果以成功事件作为顶上事件，即可将事故树改为另一种形式，称为成功树。

$$T' = A'_1 A'_2 = (x'_1 + A'_3 + x'_2) \cdot (x'_4 + A'_4)$$
$$= (x'_1 + x'_1 x'_3 + x'_2) \cdot (x'_4 + A'_5 x'_6)$$
$$= (x'_1 + x'_1 x'_3 + x'_2) \cdot [x'_4 + (x'_4 + x'_5) \cdot x'_6]$$
$$= (x'_1 + x'_2) \cdot (x'_4 + x'_5 A'_6)$$
$$= x'_1 x'_4 + x'_2 x'_4 + x'_1 x'_5 x'_6 + x'_2 x'_5 x'_6$$

由此得到成功树的四个最小割集，再经反对偶变换即得到原事故树的四个最小径集。即：$\{x_1, x_4\}$，$\{x_2, x_4\}$，$\{x_1, x_5, x_6\}$，$\{x_2, x_5, x_6\}$。如果将成功树经布尔代数化简的结果再变换为事故树，则：

$$T = (x_1 + x_4)(x_2 + x_4)(x_1 + x_5 + x_6)(x_2 + x_5 + x_6)$$

这样，就形成了四个并集的交集。同样可用最小径集表示事故树，其中P_1、P_2、P_3、P_4分别表示四个最小径集，如图$7-15$所示。

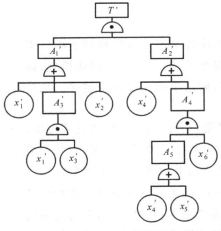

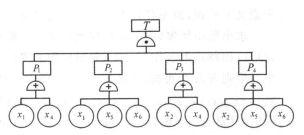

图$7-14$　图$7-12$事故树的成功树　　　图$7-15$　图$7-12$事故树的等效树（用最小径集表示）

比较图 7—13 和图 7—15 可以看出，用最小割集表示的事故树等效树有两个层次的连接门，上层用或门连接，下层用与门连接。用最小径集表示的事故树等效图也有两个层次的连接门，所不同的是：上层为与门，下层为或门。

三、最小割集和最小径集在事故树分析中的作用

最小割集和最小径集在事故树分析中起着极其重要的作用，其中最小割集尤为突出。最小割集和最小径集的主要作用有以下几个方面：

1. 最小割集表示系统的危险性

求出最小割集可以掌握事故发生的各种可能，为事故调查和事故预防提供方便。由最小割集的定义可知，每个最小割集都是顶上事件发生的一种可能，即表示当哪些故障和失误同时发生时，顶上事件就会发生。事故树中有几个最小割集，顶上事件的发生就有几种可能。最小割集越多，说明系统越危险。

另外，掌握了最小割集，实际上就掌握了顶上事件发生的各种可能，即最小割集表示顶事件发生的原因组合。这对我们掌握事故的发生规律，调查某一事故的发生原因都是有益的。一旦事故发生，就可以排除那些非本次事故的割集，而较快地查出本次事故的割集，即是造成本次事故的事件的组合。

例如，求出图 7—12 事故树的最小割集，它们是：$\{x_1, x_2\}$，$\{x_4, x_5\}$，$\{x_4, x_6\}$，事故树等效树图如图 7—13。这直观明了地指出，造成顶上事件（事故）发生的可能性共有三种：或 x_1、x_2 同时发生；或 x_4、x_5 同时发生；或 x_4、x_6 同时发生。可根据这三个最小割集，分别采取预防措施，加强控制。如果有类似系统相比较，则可根据最小割集的多少，区分出系统的优劣。

2. 最小径集表示系统的安全性

最小径集的定义表明，一个最小径集中的基本事件都不发生可使顶上事件不发生。可见，每一个最小径集都指示出顶事件不发生的条件，是采取预防措施，防止发生事故的一种途径。事故树中最小径集越多，防止事故的途径也越多。从这个意义上来说，最小径集表示了系统的安全性。

求出最小径集，可了解到控制住某一个最小径集包含的基本事件使其不发生，就可以控制顶上事件不发生；要想使顶上事件不发生共有几种可能方案（有几个最小径集则有几个可能的方案）。例如图 7—12 事故树共有四个最小径集：$\{x_1, x_4\}$，$\{x_2, x_4\}$，$\{x_1, x_5, x_6\}$，$\{x_2, x_5, x_6\}$。从图 7—15 的事故树等效图的结构也可看出，只要与门下的任一个最小径集不发生，顶上事件绝不会发生。如果通过采取某些措施，彻底消除 x_1 和 x_4 发生的可能性，这种事故就不会发生。至于其他基本事件，均可不考虑。当然，也可选择其他最小径集的基本事件，其效果一样。

3. 最小割集为降低系统的危险性提出控制方向和预防措施

每个最小割集都代表了一种事故模式。从事故树的最小割集可以直观地判断哪种事故模式最危险,哪种次之,哪种可以忽略,以及如何采取措施使事故发生概率迅速下降。

假设某事故树共有三个最小割集: $\{x_1\}$、$\{x_2,x_3\}$、$\{x_4,x_5,x_6,x_7,x_8\}$。如果不考虑每个基本事件发生的概率,或者假定各基本事件发生的概率相同,则单个事件的割集比两个事件的割集容易发生;两个事件的割集比五个事件割集容易发生。因为一个事件的割集只要有一个事件(x_1)发生,而两个事件的割集则必须有两个事件(即 x_2 和 x_3 同时发生)才能引起顶上事件的发生。这样,发生的概率比一个事件的割集小得多。而五个事件割集发生概率则更小,完全可以忽略。由此也可得出:为了降低系统的危险性,对含基本事件少的最小割集应优先考虑采取安全措施。

如为了提高系统的可靠性和安全性,可采用给少事件的割集增加基本事件的方法。以这三个割集的事故树而言,可以给一个事件的割集 $\{x_1\}$ 增加一个基本事件 x_9,如对某一危险源安装防护装置,或采取隔离措施,使新的割集为 $\{x_1,x_9\}$,这样能使整个系统的可靠性和安全性提高若干倍,甚至几十倍上百倍。若不从少事件割集入手,即使采取措施再多,效果也不一定很好。假定从 $x_1 \sim x_9$ 的发生概率 $q_1 = q_2 = q_3 = \cdots\cdots = q_9 = 0.01$,未增加 x_9 以前的顶上事件发生概率约为 0.0101,而增加 x_9 后的概率则近似为 0.0002,使系统安全性一下子提高 50 倍左右,实际上在可靠性设计方面常用的冗余技术就是这个道理。当然,在采取措施时还应考虑概率因素。若 x_1 的发生概率极小,甚至可忽略,也不必在 x_1 上下功夫。

4. 依据最小径集可选取确保系统安全的最佳方案

从图 7-15 可看出,四个最小径集中只要有一个不发生,顶上事件可不发生。究竟选择哪个最小径集对实现这个目标最有利呢? 从直观角度看,一般消除少事件最小径集中的基本事件最经济、最有效。因为消除一个基本事件比消除两个或多个基本事件容易。当然也不排除例外。最好是进行各方案的技术、经济优势比较,选择出控制事故的最佳方案。

5. 利用最小割集或最小径集可以判定事故树中基本事件的结构重要度和计算顶上事件发生的概率

在事故树分析中,用最小割集分析方便还是最小径集分析方便,取决于事故树中逻辑门符号的情况。一般说来,如果事故树中与门多,则其最小割集的数量就少,定性分析最好从最小割集入手;反之,如果事故树中或门多,则其最小径集的数量就少,此时定性分析最好从最小径集入手,从而可使分析过程得以简化。

四、结构重要度分析

1. 事故树的结构函数

结构函数就是用来描述系统状态的函数。设某事故树由 x_1、x_2、$\cdots$、x_n 这 n 个基本事件组成，每个基本事件都具有两种状态，即发生(1)与不发生(0)：

$$x_i = \begin{cases} 1 & \text{第 } i \text{ 事件发生} \\ 0 & \text{第 } i \text{ 事件不发生} \end{cases}$$

顶上事件的状态是由基本事件决定的，是基本事件的函数，记作 $\varphi = \varphi(x)$。由于这个函数形式取决于事故树的结构，故称之为事故树结构函数。它是取 0 或 1 两种状态之一的二值函数。

对于由逻辑"与"门连接成的事故树，其结构函数可写成：

$$\varphi(x) = \prod_{i=1}^{n} x_i = \min\{x_1, x_2, \cdots, x_n\}$$

对于由逻辑"或"门连接成的事故树，其结构函数可写成：

$$\varphi(x) = \coprod_{i=1}^{n} x_i = \max\{x_1, x_2, \cdots, x_n\}$$

式中，$\coprod_{i=1}^{n} x_i = 1 - \prod_{i=1}^{n}(1 - x_i)$

2. 结构重要度分析

结构重要度分析是从事故树结构上分析各基本事件的重要程度。即在假定各基本事件发生概率都相等的情况下，分析各基本事件的发生对顶上事件的发生所产生的影响程度。属于定性的重要度分析。

结构重要度分析可采用两种方法：一种是求结构重要系数；一种是利用最小割集或最小径集判断重要度。前者精确，但烦琐；后者简单，但不够精确。

1）求各基本事件的结构重要系数

在某个基本事件 x_i 的状态由 0 变 1，其他基本事件 x 的基本状态保持不变时，顶上事件的状态变化可能有三种情况：

(1) $\varphi(0_i, x) = 0 \rightarrow \varphi(1_i, x) = 0$

(2) $\varphi(0_i, x) = 0 \rightarrow \varphi(1_i, x) = 1$

(3) $\varphi(0_i, x) = 1 \rightarrow \varphi(1_i, x) = 1$

第一种情况和第三种情况都不能说明 x_i 的状态变化对顶上事件的发生起什么作用，此时 $\varphi(1_i, x) - \varphi(0_i, x) = 0$。唯有第二种情况说明 x_i 的变化起到了促使顶上事件发生的作用，即当基本事件 x_i 的状态从 0 变 1，其他基本事件的状态保持不变时，顶上事件的状态由 0 变为 1，$\varphi(1_i, x) - \varphi(0_i, x) = 1$，这说明这个基本

事件 x_i 的状态变化对顶上事件发生起了作用。综合上述三种情况可知,只有当 $\varphi(1_i,x)-\varphi(0_i,x)=1$ 时,才说明 x_i 的状态变化对顶上事件发生起到作用,这种情况越多,说明 x_i 的地位越重要。

由于 n 个事件两种状态的组合数共有 2^n 个。把 x_i 作为变化对象,其他事件的状态保持不变的对应组共 2^{n-1} 个。在这 2^{n-1} 个对应组中共有多少对应组是第二种情况,这个比值就是该事件 x_i 的结构重要系数 $I_\varphi(i)$,用公式表示为:

$$I_\varphi(i)=\frac{1}{2^{n-1}}\sum\left[\varphi(1_i,x)-\varphi(0_i,x)\right] \tag{7-3}$$

下面以图 $7-12$ 为例,求各基本事件的结构重要系数。该事故树共有 4 个基本事件,即 $n=4$。其状态组合和顶上事件的状态值如表 $7-2$ 所示。

以基本事件 x_1 为例,其 $\Sigma\left[\varphi(1_i,x)-\varphi(0_i,x)\right]$ 为 5,则 $I_\varphi(1)=\dfrac{5}{2^{4-1}}=\dfrac{5}{8}$,

同理,$I_\varphi(2)=\dfrac{3}{8}$,$I_\varphi(3)=\dfrac{1}{8}$,$I_\varphi(4)=\dfrac{3}{8}$。

因而,各基本事件的结构重要度顺序为:

$$I_\varphi(1)>I_\varphi(2)=I_\varphi(4)>I_\varphi(3)$$

如果不考虑基本事件的发生概率,仅以基本事件在事故树结构中所在的位置看,基本事件 x_1 最重要,其次是 x_2、x_4,最不重要的是 x_3。因此,在考虑治理措施以提高系统的安全性时,可优先安排针对 x_1 的安全措施项目。也可按结构重要顺序,编制安全检查表,以便重点项目优先检查,慎重处理。

结构重要度属定性分析,要排出各基本事件的结构重要度顺序,不一定非求出结构重要度不可,不必花精力编排庞大的基本事件状态和顶上事件状态值表,一个个去数去算,所以,一般用最小割集或最小径集来排列各基本事件的结构重要度。

2)最小割集或最小径集排列结构重要度顺序

这种方法的主要原则如下:

(1)当最小割(径)集中的基本事件个数不等时,少事件割(径)集中的基本事件比多事件割(径)集中的基本事件结构重要度大。

例如,某事故树最小割集为:$\{x_1,x_2,x_3\}$,$\{x_4,x_5\}$,$\{x_6\}$,$\{x_7\}$

则　　　$I_\varphi(6)=I_\varphi(7)>I_\varphi(4)>I_\varphi(1)$

(2)仅在同一个最小割(径)集中出现的所有基本事件,而且在其他最小割(径)集中不再出现,则所有基本事件的结构重要度相等。

例如,上面的最小割集:$\{x_1,x_2,x_3\}$,$\{x_4,x_5\}$,$\{x_6\}$,$\{x_7\}$

则　　　$I_\varphi(6)=I_\varphi(7)>I_\varphi(4)=I_\varphi(5)>I_\varphi(1)=I_\varphi(2)=I_\varphi(3)$

(3)当最小割(径)集中的基本事件数目相等时,出现次数多的基本事件比出现次数少的基本事件结构重要度大。

例如,某事故树最小割集为:

$\{x_1,x_4,x_5,x_6\},\{x_2,x_4,x_5,x_6\},\{x_1,x_3,x_5,x_6\}$

$\{x_2,x_3,x_5,x_6\},\{x_3,x_4,x_5,x_6\},\{x_2,x_3,x_4,x_5\}$

则　　$I_\varphi(5)>I_\varphi(6)>I_\varphi(3)=I_\varphi(4)>I_\varphi(2)>I_\varphi(1)$

(4)在基本事件少的最小割(径)集内出现次数少的基本事件与在基本事件多的最小割(径)集内出现次数多的基本事件相比较,一般说前者结构重要度大于后者,极个别情况下两者相等。

例如,某事故树最小割集为:$\{x_1\},\{x_2,x_3\},\{x_2,x_4\},\{x_2,x_5\}$

则　　$I_\varphi(1) \geq I_\varphi(2)>I_\varphi(3)=I_\varphi(4)=I_\varphi(5)$

例3　某事故树最小割集为:$\{x_1\},\{x_2,x_3,x_4\},\{x_4,x_5\},\{x_3,x_5,x_6,x_7\}$,分析各基本事件的结构重要度。

解:各基本事件的结构重要度顺序为:

$$I_\varphi(1) \geq I_\varphi(4)>I_\varphi(5)>I_\varphi(3)>I_\varphi(2)>I_\varphi(6)=I_\varphi(7)$$

第五节　定量分析

事故树的定量分析是在已经确定各基本事件发生概率的基础上,计算顶上事件发生概率,并依此进行各基本事件概率重要度分析和临界重要度分析。基本事件的发生概率主要由构成系统的机械设备的故障概率和人为的失误概率所决定,要求数据可靠,否则计算结果误差大。机械设备的故障概率和人为的失误概率见附录一。

进行定量分析的方法很多,这里只介绍几种常用的方法,而且以举例形式说明这些方法的计算过程,不在数学上做过多的证明。

一、计算顶事件发生的概率

如果事故树中各基本事件均是独立的,又知道了各基本事件的发生概率,即可计算顶上事件的发生概率。下面介绍几种计算方法。

1. 最小割集法

前面介绍了事故树最小割集的求法,以及用最小割集表示的事故树等效树。等效树的标准结构形式是:顶上事件 T 与最小割集 E_i 的逻辑连接为或门,每个最小割集 E_i 与其包含的基本事件 x_i 的逻辑连接为与门。

例 4　某事故树有 3 个最小割集：$E_1 = \{x_1, x_3\}$，$E_2 = \{x_2, x_3\}$，$E_3 = \{x_3, x_4\}$。各基本事件的发生概率分别为 q_1、q_2、q_3、q_4。

用最小割集表示的等效树如图 7—16所示。可以把它看作是由 E_1、E_2、E_3组成的事故树图，根据和事件的概率公式(7—2)可以求出顶上事件的发生概率。

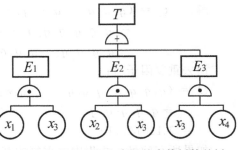

图 7—16　用最小割集表示的事故树等效树

$$Q = 1-(1-q_{E_1})(1-q_{E_2})(1-q_{E_3})$$
$$= q_{E_1} + q_{E_2} + q_{E_3} - (q_{E_1}q_{E_2} + q_{E_1}q_{E_3} + q_{E_2}q_{E_3}) + q_{E_1}q_{E_2}q_{E_3}$$

根据积事件的概率公式(7—1)：

$$q_{E_1} = q_1q_3; q_{E_2} = q_2q_3; q_{E_3} = q_3q_4$$

因此，$Q = q_1q_3 + q_2q_3 + q_3q_4 - (q_1q_2q_3 + q_1q_3q_4 + q_2q_3q_4) + q_1q_2q_3q_4$

对于有 k 个最小割集的事故树，其顶上事件发生概率可表达为：

$$Q = (q_{E_1} + q_{E_2} + q_{E_3} + \cdots + q_{E_K}) - (q_{E_1}q_{E_2} + q_{E_1}q_{E_3} + \cdots + q_{E_{(K-1)}}q_{E_K})$$
$$+ (q_{E_1}q_{E_2}q_{E_3} + \cdots + q_{E_{(K-2)}}q_{E_{(K-1)}}q_{E_K}) - \cdots + (-1)^{k-1}q_{E_1}q_{E_2}\cdots q_{E_K}$$

或

$$Q = \sum_{\substack{j=1 \\ x_i \in k_j}}^{k} \prod q_i - \sum_{1 \le j < s \le k} \prod_{x_i \in k_j \cup k_s} q_i + \cdots + (-1)^{k-1} \prod_{\substack{j=1 \\ x_i \in k_j}}^{k} q_i$$

式中，i—基本事件的序数；

$x_i \in K_j$—第 i 个基本事件属于第 j 个最小割集；

j, s—最小割集的序数；

k—最小割集的个数；

$x_i \in k_j \cup k_s$—第 i 个基本事件 x_i 或属于第 j 个最小割集，或属于第 s 个最小割集；

$1 \le j < s \le k - j, s$ 的取值范围。

顶上事件的发生概率等于 k 个最小割集发生概率的代数和，减去 k 个最小割集两两组合概率积的代数和，加上三三组合概率积的代数和，直到加上 $(-1)^{k-1}$ 乘以 k 个最小割集全部组合在一起的概率积。但必须注意，求组合概率积时，必须消去重复的概率因子。例如 $q_i \cdot q_i = q_i$。

例 5　某事故树的最小割集为：$\{x_1, x_2, x_5\}$，$\{x_1, x_3, x_5\}$，$\{x_1, x_4, x_5\}$。即最小割集的个数 $k = 3$，各基本事件的发生概率为 $q_1 = q_3 = q_4 = 0.01, q_2 = 0.1, q_5 = 0.95$，求顶上事件发生概率。

解：　$Q = (q_1q_2q_5 + q_1q_3q_5 + q_1q_4q_5)$
$- (q_1q_2q_5q_1q_3q_5 + q_1q_2q_5q_1q_4q_5 + q_1q_3q_5q_1q_4q_5)$
$+ q_1q_2q_5q_1q_3q_5q_1q_4q_5$

消去重复因子后：

$Q = (q_1q_2q_5 + q_1q_3q_5 + q_1q_4q_5) - (q_1q_2q_3q_5 + q_1q_2q_4q_5 + q_1q_3q_4q_5)$
$+ q_1q_2q_3q_4q_5$
$= 1.12014 \times 10^{-3}$

如果所有的最小割集中没重复的基本事件,则顶上事件发生的概率为：

$$Q = \coprod_{j=1}^{k} \prod_{x_i \in x_j} q_i$$

式中,$\coprod$ 为求概率和的数学运算符号。

公式表明,如果各最小割集彼此间没有重复的基本事件,则可先求各最小割集所包含的基本事件的交集概率,然后再求所有割集的并集概率,其结果就是顶上事件的发生概率。

例 6　某事故树最小割集为：$\{x_1, x_2\}, \{x_3, x_4\}, \{x_5, x_6\}$。基本事件的发生概率分别为：$q_1 = q_2 = 0.01, q_3 = q_4 = 0.02, q_5 = q_6 = 0.03$。求顶上事件发生概率。

解：因为最小割集没有重复的基本事件,所以

$Q = 1 - (1 - q_1 q_2)(1 - q_3 q_4)(1 - q_5 q_6)$
$= 1 - (1 - 0.01 \times 0.01)(1 - 0.02 \times 0.02)(1 - 0.03 \times 0.03)$
$= 1.3995 \times 10^{-3}$

2. 最小径集法

用最小径集表示的事故树等效树的标准结构形式是：顶上事件 T 与最小径集 F_i 的逻辑连接为与门,而每个最小径集 F_i 与其包含的基本事件 x_i 的逻辑连接为或门。

例如,某事故树的最小径集为：$F_1 = \{x_1, x_3\}, F_2 = \{x_2, x_3\}, F_3 = \{x_3, x_4\}$。各基本事件的发生概率分别为 $q_1、q_2、q_3、q_4$。用最小径集表示的事故树等效树如图 7—17 所示。

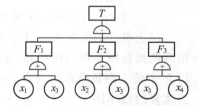

图 7—17　用最小径集表示的
事故树等效树

因为　$Q = q_{F_1} \cdot q_{F_2} \cdot q_{F_3}$

而　$q_{F_1} = 1 - (1 - q_1)(1 - q_3), q_{F_2} = 1 - (1 - q_2)(1 - q_3), q_{F_3} = 1 - (1 - q_3)(1 - q_4)$

所以　$Q = [1 - (1 - q_1)(1 - q_3)][1 - (1 -$

$q_2)(1-q_3)][1-(1-q_3)(1-q_4)]$

将括号展开,消去重复因子后为:

$Q = 1-[(1-q_1)(1-q_3) + (1-q_2)(1-q_3) + (1-q_3)(1-q_4)]$
$\quad + [(1-q_1)(1-q_2)(1-q_3) + (1-q_1)(1-q_3)(1-q_4)$
$\quad + (1-q_2)(1-q_3)(1-q_4)] - (1-q_1)(1-q_2)(1-q_3)(1-q_4)$

对于有 p 个最小径集的事故树,其顶上事件发生概率的计算公式为:

$$Q = 1- \sum_{j=1}^{p}\prod_{x_i\in p_j}(1-q_i)+ \sum_{1\leq j<s\leq p}\prod_{x_i\in p_j\bigcup p_s}(1-q_i)+\cdots+(-1)^p\prod_{\substack{j=1\\x_i\in p_j}}^{p}(1-q_i)$$

例 7 某事故树最小径集分别为:$\{x_2,x_3\}$,$\{x_1,x_4\}$,$\{x_1,x_5\}$。即最小径集个数 $p = 3$,各基本事件的发生概率为 $q_1 = 0.01$,$q_2 = 0.02$,$q_3 = 0.03$,$q_4 = 0.04$,$q_5 = 0.05$,求顶上事件发生概率。

解:$Q = 1-[(1-q_2)(1-q_3) + (1-q_1)(1-q_4) + (1-q_1)(1-q_5)] +$
$\quad [(1-q_1)(1-q_2)(1-q_3)(1-q_4) + (1-q_1)(1-q_2)(1-q_3)\cdot$
$\quad (1-q_5) + (1-q_1)(1-q_4)(1-q_5)] - (1-q_1)(1-q_2)(1-q_3)$
$\quad (1-q_4)(1-q_5)$
$\quad = 5.9226\times10^{-3}$

如果所有的最小径集中没重复的基本事件,则顶上事件发生的概率为:

$$Q = \prod_{j=1}^{p}\bigcup_{x_i\in p_j}q_i = \prod_{j=1}^{p}[1-\prod_{x_i\in p_j}(1-q_i)]$$

公式表明,如果各最小径集彼此间没有重复的基本事件,则可先求各最小径集所包含的基本事件的并集概率,然后再求所有径集的交集概率,其结果就是顶上事件的发生概率。

例 8 某事故树最小径集为:$\{x_1\}$,$\{x_5\}$,$\{x_2,x_3,x_4\}$。各基本事件的发生概率分别为:$q_1 = 0.01$,$q_2 = 0.1$,$q_3 = q_4 = 0.01$,$q_5 = 0.95$。求顶上事件发生概率。

解:因为 3 个最小径集中没有重复的基本事件,所以
$Q = [1-(1-q_1)][1-(1-q_5)][1-(1-q_2)(1-q_3)(1-q_4)]$
$\quad = 1.12014\times10^{-3}$

以上介绍的最小割集法和最小径集法都可以精确地计算出顶上事件的发生概率。原则上,事故树的最小割集少时,使用最小割集求取;最小径集少时,使用最小径集法求取。

应该指出的是,上述计算方法均是在各基本事件相互独立的情况下才能成立。如果不是独立事件,则必须考虑相容事件和相斥事件的概率计算问题。

3. 近似计算法

当事故树很庞大时,基本事件和最小割集或最小径集的数量则很多,要精确地求出顶上事件的发生概率是非常困难的,甚至是不可能的。即使借助计算机也需要相当长的时间。因此,需要找出一种既能保证相应的精确度,同时运算又较为简便的方法。

实际上,按精确法计算的结果也未必十分精确,这是因为:

(1)凭经验估计的各种元件、部件的故障率本身就不准确,数据库给出的故障率,其上限值和下限值相差几个数量级,其平均值离差也是很大的。

(2)各元件、部件的运行条件、运行环境各不相同,必然影响故障率的变化。

(3)人的失误率受多种因素影响,是一个伸缩性很大的数据。

所以,用近似法计算顶上事件的发生概率是适宜的。下面介绍几种近似计算法。

1)首项近似法

利用最小割集计算顶上事件发生概率的公式为:

$$Q = \sum_{j=1}^{k}\prod_{x_i \in k_j} q_i - \sum_{1 \leq j < s \leq k}\prod_{x_i \in k_j \cup k_s} q_i + \cdots + (-1)^{k-1}\prod_{\substack{j=1 \\ x_i \in k_j}}^{k} q_i$$

设 $\displaystyle\sum_{j=1}^{k}\prod_{x_i \in k_j} q_i = F_1$, $\displaystyle\sum_{1 \leq j < s \leq k}\prod_{x_i \in k_j \cup k_s} q_i = F_2$, $\displaystyle(-1)^{k-1}\prod_{\substack{j=1 \\ x_i \in k_j}}^{k} q_i = F_k$

则　　　　　　　　　$Q = F_1 - F_2 + \cdots + (-1)^{k-1} F_k$

一般情况下,$F_1 \gg F_2$,$F_2 \gg F_3$,…。首项近似法的计算公式为:

$$Q \approx F_1 = \sum_{j=1}^{k}\prod_{x_i \in k_j} q_i$$

这种近似法相当于以代数积代替概率积,以代数和代替概率和的运算过程。如果事故树中没有多余的事件,即不需要用布尔代数化简,则可用逻辑门作代数运算的运算符号进行计算。

例9 如某事故树如图 7—18 所示。各基本事件的发生概率分别为:$q_1 = 0.01$,$q_2 = 0.02$,$q_3 = 0.03$,$q_4 = 0.04$,求顶上事件发生概率。

解:事故树的结构函数为:

$$T = x_1(x_2 + x_3 x_4)$$

可用直接列出计算顶上事件发生概率的近似计算式:

$$Q = q_1(q_2 + q_3 q_4)$$

$$= 0.01(0.02 + 0.03 \times 0.04)$$
$$= 2.12 \times 10^{-4}$$

按首项近似法,事故树的最小割集为:

$$T = x_1(x_2 + x_3 x_4) = x_1 x_2 + x_1 x_3 x_4$$
$$Q \approx F_1 = q_1 q_2 + q_1 q_3 q_4 = 2.12 \times 10^{-4}$$

两者运算的结果是一致的。

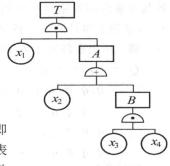

图 7—18　事故树图

这里除按首项近似法算之外,还用到了一种方法即按照给定的事故树先写出结构函数表达式,然后根据表达式中的各基本事件的逻辑关系,直接计算出顶上事件的发生概率,这种方法叫直接分步算法。直接分步算法适用于事故树规模不大,而且事故树中无重复事件时使用。直接分步算法也可以从底部的门事件算起,逐次向上推移,直算到顶上事件为止。凡是与门连接的地方,可用几个独立事件逻辑积的概率计算公式(7—1)计算;凡是或门连接的地方,可用几个独立事件逻辑和的概率计算公式(7—2)计算。

2)平均近似法

有时,为了使顶上事件发生概率的近似值更接近精确值,还可以求出首项近似法公式中的 F_2,按下式计算顶上事件的发生概率:

$$Q \approx F_1 - \frac{1}{2} F_2$$

这种近似算法称为平均近似法。

一般有 　　　　$Q < F_1, Q > F_1 - F_2, Q < F_1 - F_2 + F_3, \cdots$

3)独立近似法

这种近似法的实值是尽管事故树各最小割集(或最小径集)中彼此有共同事件,但均当成是无共同的基本事件处理,即认为各最小割集(最小径集)是相互独立的。可以应用下列两公式计算顶上事件发生概率:

$$Q \approx \coprod_{j=1}^{k} \prod_{x_i \in x_j} q_i \ , \ Q \approx \prod_{j=1}^{p} \coprod_{x_i \in p_j} q_i$$

从以上两式可得到 Q 值的近似区间为:

$$\prod_{j=1}^{p} \coprod_{x_i \in p_j} q_i \leq Q \leq \coprod_{j=1}^{k} \prod_{x_i \in x_j} q_i$$

对于用最小割集、最小径集表示的等效事故树来说,顶上事件发生概率大于最大的最小割集概率,小于最小的最小径集概率。

例 10　某事故树最小割集分别为: $\{x_1, x_3\}, \{x_1, x_5\}, \{x_3, x_4\}, \{x_2, x_4, x_5\}$。

各基本事件的发生概率分别为 $q_1 = 0.01, q_2 = 0.02, q_3 = 0.03, q_4 = 0.04, q_5 = 0.05$，求顶上事件的发生概率。

解：顶上事件发生概率的精确值为

$$Q = (q_1q_3 + q_1q_5 + q_3q_4 + q_2q_4q_5) - (q_1q_3q_5 + q_1q_3q_4 + q_1q_2q_3 \cdot q_4q_5 + q_1q_3q_4q_5 + q_1q_2q_4q_5 + q_2q_3q_4q_5) + (q_1q_3q_4q_5 + q_1 \cdot q_2q_3q_4q_5 + q_1q_2q_3q_4q_5 + q_1q_2q_3q_4q_5) - q_1q_2q_5q_1q_3q_5q_1q_4q_5$$

$$= q_1q_3 + q_1q_5 + q_3q_4 + q_2q_4q_5 - q_1q_3q_5 - q_1q_3q_4 - q_1q_2q_4q_5 - q_2q_3q_4q_5 + q_1q_2q_3q_4q_5$$

$$= 0.002011412$$

首项近似法：

$$Q \approx F_1 = q_1q_3 + q_1q_5 + q_3q_4 + q_2q_4q_5 = 0.00204$$

平均近似法：

$$Q \approx F_1 - \frac{1}{2}F_2$$

$$= F_1 - \frac{1}{2}(q_1q_3q_5 + q_1q_3q_4 + q_1q_2q_3q_4q_5 + q_1q_3q_4q_5 + q_1q_2q_4q_5)$$

$$= 0.002025394$$

独立近似法：

$$Q \approx \coprod_{j=1}^{k} \prod_{x_i \in x_j} q_i = 1 - (1-q_1q_3)(1-q_1q_5)(1-q_3q_4)(1-q_2q_4q_5)$$

$$= 0.00203881$$

由此可以看出，近似计算所得数据相差不太大，可满足精度要求。

二、概率重要度

事故树定性分析中的结构重要度分析是从事故树的结构上分析各基本事件的重要程度。如果进一步考虑各基本事件发生概率的变化会给顶上事件发生概率以多大影响，就要分析基本事件的概率重要度。

基本事件的概率重要度是指顶上事件发生概率对该基本事件发生概率的变化率。利用顶上事件发生概率 Q 函数是一个多线性函数的性质，对自变量 q_i 求一次偏导，可得到该基本事件的概率重要系数，即：

$$I_g(i) = \frac{\partial Q}{\partial q_i}$$

利用上式求出各基本事件的概率重要度系数后，可了解诸多基本事件中，减少哪个基本事件的发生概率可以有效地降低顶上事件的发生概率。

例 11　某事故树最小割集分别为：$\{x_1, x_2\}, \{x_1, x_3\}, \{x_1, x_4\}, \{x_2, x_4\}$。各基本事件的发生概率分别为 $q_1 = 0.01, q_2 = q_3 = 0.02, q_4 = 0.03$，求基本事件的概率重要系数。

解：顶上事件的发生概率为

$$Q = (q_1 q_2 + q_1 q_3 + q_1 q_4 + q_2 q_4) - (q_1 q_2 q_3 + q_1 q_2 q_4 + q_1 q_2 q_4$$
$$+ q_1 q_3 q_4 + q_1 q_2 q_3 q_4 + q_2 q_2 q_4) + (q_1 q_2 q_3 q_4 + q_1 q_2 q_3 q_4$$
$$+ q_1 q_2 q_4 + q_1 q_2 q_3 q_4) - q_1 q_2 q_3 q_4$$
$$= q_1 q_2 + q_1 q_3 + q_1 q_4 + q_2 q_4 - q_1 q_2 q_3 - q_1 q_3 q_4 - 2 q_1 q_2 q_4 + q_1 q_2 q_3 q_4$$

$$I_g(1) = \frac{\partial Q}{\partial q_1} = q_2 + q_3 + q_4 - q_2 q_3 - q_3 q_4 - 2 q_2 q_4 + q_2 q_3 q_4 = 0.0678$$

$$I_g(2) = \frac{\partial Q}{\partial q_2} = q_1 + q_4 - q_1 q_3 - 2 q_1 q_4 + q_1 q_3 q_4 = 0.0392$$

$$I_g(3) = \frac{\partial Q}{\partial q_3} = q_1 - q_1 q_2 - q_1 q_4 + q_1 q_2 q_4 = 0.0095$$

$$I_g(4) = \frac{\partial Q}{\partial q_4} = q_1 + q_2 - q_1 q_3 - 2 q_1 q_2 + q_1 q_2 q_3 = 0.0294$$

这样，可以按概率重要系数大小排出各基本事件的概率重要度顺序为：

$$I_g(1) > I_g(2) > I_g(4) > I_g(3)$$

减小事件 x_1 的发生概率能较快地使顶上事件的发生概率降下来。它比以同样数值减小其他任何基本事件的发生概率都有效。其次是 x_2、x_4，最不敏感的是 x_3。

从概率重要系数的求取，可以看到这样的事实：一个基本事件概率重要度大小，并不取决于它本身概率值大小，而取决于它所在最小割集中其他基本事件的概率值大小。

另外概率重要系数还有一个重要性质：如果所有基本事件的发生概率都等于 0.5 时，概率重要系数等于结构重要系数。即：

$$\text{当 } q_j = 0.5 \ (j = 1 \sim n) \text{ 时，} \quad I_\varphi(i) = I_g(i)$$

利用这一性质，可以用定量化手段求得结构重要系数。

三、临界重要度

一般情况下，减少概率大的基本事件的概率比减少概率小的事件的概率容易，而概率重要系数未能反映这一事实，因而它还不是从本质上反映各基本事件在事故树中的重要程度。为弥补概率重要度的这点不足，可采用基本事件发生概率的相对变化率与顶上事件发生概率的相对变化率之比来表示基本事件的重要程度，这个比值就是临界重要度。临界重要度系数 $I_c(i)$ 正是从敏感度和自身发生概率的双重角度衡量各基本事件的重要度标准，其定义为：

$$I_c(i) = \frac{\partial lnQ}{\partial lnq_i}$$

通过求偏导,可以得到它与概率重要系数的关系:

$$I_c(i) = \frac{q_i}{Q}I_g(i)$$

现在来求上例中各基本事件的临界重要系数。

$Q = q_1q_2 + q_1q_3 + q_1q_4 + q_2q_4 - q_1q_2q_3 - q_1q_3q_4 - 2q_1q_2q_4 + q_1q_2 \cdot q_3q_4 = 0.001278$

$$I_c(1) = \frac{q_1}{Q}I_g(1) = \frac{0.01}{0.001278} \times 0.0678 = 0.530$$

$$I_c(2) = \frac{q_2}{Q}I_g(2) = 0.613, I_g(3) = \frac{q_3}{Q}I_g(3) = 0.149$$

$$I_c(4) = \frac{q_4}{Q}I_g(4) = 0.690$$

这样,得到一个按临界重要度系数的大小排列的各基本事件的重要度顺序:

$$I_c(4) > I_c(2) > I_c(1) > I_c(3)$$

与概率重要度分析相比,基本事件 x_1 的重要性下降了,这是因为它的发生概率低。基本事件 x_4 的重要性提高了,这是因为它本身的概率值大,敏感度也较大。

三种重要系数,从不同方面反映了基本事件的重要程度。结构重要系数从事故树结构上反映基本事件的重要程度,概率重要系数反映基本事件的概率增减对顶上事件发生概率影响的敏感度,临界重要系数是从敏感度和自身发生概率大小双重角度反映基本事件的重要程度。一般可以按三种重要度系数大小安排采取措施的先后顺序,也可以按三种重要系数顺序分别编制安全检查表,以保证既有重点,又能全面检查的目的。三种检查表中,只有通过临界重要度分析产生的检查表,才更具有实际意义。

第六节　事故树应用实例

为了能较全面地掌握事故树分析法,现以木工平刨伤手事故为例,进行事故树全过程分析。

木工平刨伤手事故树如图7—19所示。从该事故树结构看出,此树或门多与门少,所以从最小径集入手分析较为方便。首先将事故树转换为成功树,如图7—20所示。

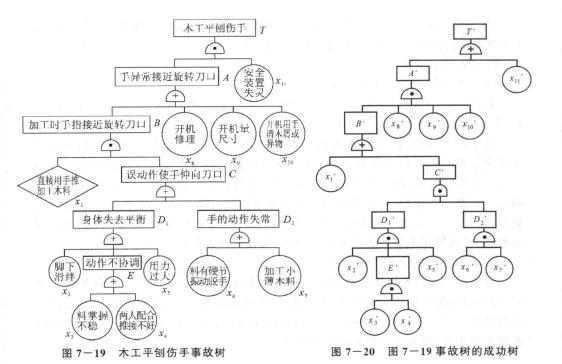

图 7—19 木工平刨伤手事故树　　　　图 7—20 图 7—19 事故树的成功树

1. 求事故树的最小径集

用布尔代数化简法求该事故树的最小径集。

$$T' = A' + x'_{11} = B' x'_8 x'_9 x'_{10} + x'_{11}$$
$$= (x'_1 + C') x'_8 x'_9 x'_{10} + x'_{11}$$
$$= (x'_1 + D'_1 D'_2) x'_8 x'_9 x'_{10} + x'_{11}$$
$$= (x'_1 + x'_2 E'_2 x'_5 x'_6 x'_7) x'_8 x'_9 x'_{10} + x'_{11}$$
$$= (x'_1 + x'_2 x'_3 x'_4 x'_5 x'_6 x'_7) x'_8 x'_9 x'_{10} + x'_{11}$$
$$= x'_1 x'_8 x'_9 x'_{10} + x'_2 x'_3 x'_4 x'_5 x'_6 x'_7 x'_8 x'_9 x'_{10} + x'_{11}$$

故得到事故树的最小径集为：

$$P_1 = \{x_1, x_8, x_9, x_{10}\}, P_2 = \{x_2, x_3, x_4, x_5, x_6, x_7, x_8, x_9, x_{10}\}$$
$$P_3 = \{x_{11}\}$$

2. 排列各基本事件的结构重要顺序

因 P_3 是单事件最小径集，故 x_{11} 是最重要的基本事件。

因 x_8, x_9, x_{10} 同时出现在 P_1、P_2 内，故 $I_\varphi(8) = I_\varphi(9) = I_\varphi(10)$。

因 x_1 仅出现在 P_1 中，x_8, x_9, x_{10} 则出现在 P_1、P_2 两个最小径集中，故 $I_\varphi(8) = I_\varphi(9) = I_\varphi(10) > I_\varphi(1)$。

因 $x_2, x_3, x_4, x_5, x_6, x_7$ 仅出现在 9 个基本事件的最小径集中，x_1 仅出现在 4 个基本事件的最小径集中，故 $I_\varphi(1) > I_\varphi(2) = I_\varphi(3) = I_\varphi(4) = I_\varphi(5) = I_\varphi(6) = I_\varphi(7)$。

各基本事件的结构重要顺序为：

$$I_\varphi(11) > I_\varphi(8) = I_\varphi(9) = I_\varphi(10) > I_\varphi(1) > I_\varphi(2) = I_\varphi(3) = I_\varphi(4) = I_\varphi(5) = I_\varphi(6) = I_\varphi(7)$$

这个顺序说明，x_{11} 是最重要的基本事件，即木工平刨安全的最根本的出路在于安全装置。只要提高安全装置的可靠性，就能有效地提高平刨的安全性。x_8，x_9, x_{10} 是第二位的，即在开机时测量加工件、修理刨机、清理碎屑和杂物，是极其危险的。x_1 是第三位的，即操作中不要直接用手推加工料，否则一旦失手就可能接近旋转刀口。$x_2 \sim x_7$ 是第四位的，这些事件都是人的操作失误，但加强技术培训和安全教育，提高操作人员的素质和安全意识，操作失误是会减少的。

3. 顶上事件发生概率的计算

计算顶上事件发生概率最根本的是故障率数据。在没有可利用数据库的情况下，可凭经验进行估计。这里指的经验，除已发生的事故外，还应包括大量未遂事故的经验。表 7—3 中的数据是从工程实践出发，采用计算频率（即计算单位时间事故发生次数）的办法来代替概率的计算。

表 7—3　基本事件发生概率的估计值

代　号	基　本　事　件	发生概率 q_i（次/h）
x_1	直接用手推加工木料	0.1
x_2	脚下滑绊	5×10^{-3}
x_3	料掌握不稳	5×10^{-2}
x_4	两人配合推接不好	10^{-4}
x_5	用力过大	10^{-3}
x_6	料有硬节振动脱手	10^{-5}
x_7	加工小薄木料	10^{-2}
x_8	开机修理	2.5×10^{-6}
x_9	开机量尺寸	10^{-5}
x_{10}	开机用手清木屑或异物	10^{-3}
x_{11}	安全装置失灵	4×10^{-4}

顶上事件的发生概率为：

$$Q = 1 - [(1-q_1)(1-q_8)(1-q_9)(1-q_{10}) + (1-q_2)(1-q_3)(1-q_4)(1-q_5)(1-q_6)(1-q_7)(1-q_8)(1-q_9)(1-q_{10}) + (1-q_{11})]$$
$$+ [(1-q_1)(1-q_2)(1-q_3)(1-q_4)(1-q_5)(1-q_6)(1-q_7)(1-q_8)(1-q_9)(1-q_{10})$$
$$+ (1-q_1)(1-q_8)(1-q_9)(1-q_{10})(1-q_{11})$$
$$+ (1-q_2)(1-q_3)(1-q_4)(1-q_5)(1-q_6)(1-q_7)(1-q_8)(1-q_9) \cdot (1-q_{10})(1-q_{11})]$$
$$- (1-q_1)(1-q_2)(1-q_3)(1-q_4)(1-q_5)(1-q_6)(1-q_7)(1-q_8)(1-q_9)(1-q_{10})(1-q_{11})$$
$$= 3.012 \times 10^{-6} / \text{h}$$

若按首项近似法，即以算术的加乘代替概率的和、积，则

$$Q \approx q_{11}(q_1 + q_8 + q_9 + q_{10})(q_2 + q_3 + q_4 + q_5 + q_6 + q_7 + q_8 + q_9 + q_{10})$$
$$= q_{11}[q_8 + q_9 + q_{10} + q_1(q_2 + q_3 + q_4 + q_5 + q_6 + q_7)]$$
$$= 3.009 \times 10^{-6} / \text{h}$$

这个概率值说明，对于有安全装置的木工平刨加工系统，每小时工作发生刨手事故的可能性为 3.012×10^{-6}，若工作 10^6 小时，则可能发生三次刨手事故。若每年工作以 2000 小时计，则相当每年每 500 人中有三人刨手。如果没有安全装置的木工平刨加工系统，则平刨刨手事故发生的可能性为 0.00753 小时，即相当于每工作 133 小时就可能发生一次刨手事故。这充分说明，有无安全装置对系统安全性起着非常重要的作用。

4. 求概率重要系数

$$Q = q_{11}[q_8 + q_9 + q_{10} + q_1(q_2 + q_3 + q_4 + q_5 + q_6 + q_7)]$$

各基本事件概率重要系数为：

$$I_g(1) = \frac{\partial Q}{\partial q_1} = q_{11}(q_2 + q_3 + q_4 + q_5 + q_6 + q_7) = 0.000026444$$

$$I_g(2) = \frac{\partial Q}{\partial q_2} = q_1 q_{11} = 0.00004$$

$$I_g(3) = I_g(4) = I_g(5) = I_g(6) = I_g(7) = I_g(2) = 0.00004$$

$$I_g(8) = \frac{\partial Q}{\partial q_8} = q_{11} = 0.0004$$

$$I_g(9) = I_g(10) = I_g(8) = 0.0004$$

$$I_g(11) = \frac{\partial Q}{\partial q_{11}} = q_8 + q_9 + q_{10} + q_1(q_2 + q_3 + q_4 + q_5 + q_6 + q_7)$$

$$= 0.00753$$

5. 求临界重要系数

各基本事件的临界重要系数为：

$$I_c(1) = \frac{q_1}{Q}I_g(1) = \frac{0.1}{3.01\times10^{-6}}\times2.64\times10^{-5} = 0.88$$

$$I_c(2) = \frac{q_2}{Q}I_g(2) = 6.64\times10^{-2}, \; I_c(3) = \frac{q_3}{Q}I_g(3) = 6.64\times10^{-1}$$

$$I_c(4) = \frac{q_4}{Q}I_g(4) = 1.33\times10^{-3}, \; I_c(5) = \frac{q_5}{Q}I_g(5) = 1.33\times10^{-2}$$

$$I_c(6) = \frac{q_6}{Q}I_g(6) = 1.33\times10^{-4}, \; I_c(7) = \frac{q_7}{Q}I_g(7) = 1.33\times10^{-1}$$

$$I_c(8) = \frac{q_8}{Q}I_g(8) = 3.32\times10^{-4}, \; I_c(9) = \frac{q_9}{Q}I_g(9) = 1.33\times10^{-3}$$

$$I_c(10) = \frac{q_10}{Q}I_g(10) = 1.33\times10^{-1}, \; I_c(11) = \frac{q_11}{Q}I_g(11) = 1$$

所以，各基本事件的临界重要度顺序为：

$$I_c(11) > I_c(1) > I_c(3) > I_c(7) = I_c(10) > I_c(2) > I_c(5) > I_c(4) = I_c(9) > I_c(8) > I_c(6)$$

从这个排列顺序可以看出，基本事件 x_{11} 仍处于首要位置。但 x_8、x_9 和 x_{10} 的位置变为次要位置，而 x_1 和 x_3 显著提前了。说明要提高整个系统的安全性，减少 x_1 和 x_3 的发生概率是最易做到的。如果不直接用手推加工木料，就不会发生操作上的失误（如 $x_2 \sim x_7$），这样可大幅度降低事故发生概率。当然，在目前尚无使用范围广泛的自动送料装置的情况下，加强技术培训和安全教育，也可减少人员失误的发生和降低事故发生概率。

复习思考题

1. 简述事故树分析法的特点、作用、分析过程及优缺点。
2. 试以台灯不亮或你熟悉的某一事故编制其事故树。
3. 储存油类易燃易爆物质的油库，经常发生因油气泄漏而导致油库燃烧爆炸的事故。油库的燃烧爆炸与油库中的火源和油气达到可燃爆炸浓度有直接关系。火源主要是由油库中的明火和火花火星造成的，油气达到可燃爆炸浓度由于油气泄漏和库内通风不良，火花火星主要有电火花、静电火花和雷击火花，这些中间事件发生的主要原因如下表 7—4 所示，请用事故树分析法对油库燃烧爆炸事故进行分析，画出该事故的事故树图。

表7—4　油库燃烧爆炸中间事件及其原因表

中间事件	中间事件发生的原因
明火	库内吸烟和危险区域内动火作业
电火花	防爆电器本身损坏和电工未及时维修
静电火花	油罐静电放电和人体静电放电
雷击火花	打雷天气和避雷器失效
避雷器失效	未装避雷设施和避雷器发生故障
油气泄漏	油罐密封不良和油罐敞开
库内通风不良	无排风设施、排风设备损坏和未及时排风

4. 什么是最小割集、最小径集？它们在事故树分析中有什么作用？

5. 用布尔代数化简法求图7—21事故树的最小割集和最小径集,并画出以最小径集表示的事故树的等效树。

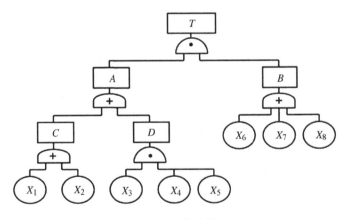

图7—21　事故树图

6. 设某事故树的最小径集为 $\{x_1,x_2,x_3\}$,$\{x_4,x_5\}$,$\{x_6\}$。若各基本事件发生概率分别为 $q_1=0.005$,$q_2=0.001$,$q_3=0.001$,$q_4=0.2$,$q_5=0.8$,$q_6=1$,试求顶上事件的发生概率,各基本事件的概率重要度和临界重要度。

7. 轮式汽车起重吊车,在吊物时,吊装物坠落伤人是一种经常发生的起重伤人事故,起重钢丝绳断裂是造成吊装物坠落的主要原因,吊装物坠落与钢丝绳断脱、吊钩冲顶和吊装物超载有直接关系。钢丝绳断脱的主要原因是钢丝绳强度下降和未及时发现钢丝绳强度下降,钢丝绳强度下降是由于钢丝绳腐蚀断股、变形,

　　而未及时发现钢丝绳强度下降主要原因是日常检查不够和未定期对钢丝绳进行检测;吊钩冲顶是由于吊装工操作失误和未安装限速器造成的;吊装物超载则是由于吊装物超重和起重限制器失灵造成的。试用事故树分析法对该案例进行分析,画出事故树,求出最小割集和最小径集。假如每个基本事件都是独立发生的,且发生概率均为 0.1,即 $q_1 = q_2 = q_3 = \cdots = q_n = 0.1$,试求吊装物坠落伤人事故发生的概率。

8. 事故树的结构重要度、概率重要度、临界重要度有何异同?

第八章 系统安全分析的其他方法及小结

系统安全分析的方法很多,见诸有关文献的就多达数十种,本书前面详细介绍了常用的6种方法,本章系统安全分析的其他方法只简单介绍因果分析图法。为了便于读者掌握和灵活地应用,在本章第二节进行了小结。

第一节 因果分析图法

一、因果分析图法的概念

因果分析图法是把系统中产生事故的原因和造成的结果所构成错综复杂的因果关系,采用简明文字和线条加以全面表示的方法。用于表述事故发生原因与结果关系的图形称为因果分析图,其形状像鱼刺,所以也叫鱼刺图。

鱼刺图一般从人、物、环境和管理四个方面查找影响事故的因素,每一个方面作为一个分支,然后逐次向下分析,找出直接原因、间接原因和基本原因,依次用大、中、小箭头标出。典型的鱼刺图如图8—1所示。

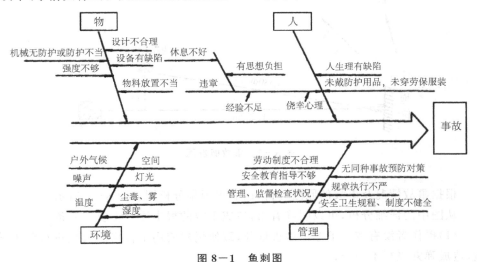

图8—1 鱼刺图

鱼刺图分析具有主次原因分明,逻辑关系清晰,事故过程一目了然,容易掌握等特点,应用比较广泛。

二、因果分析图法的步骤

因果分析图法的步骤一般为:

(1)确定要分析的特定问题或事故,写在图的右边,画出主干,箭头指向右端;

(2)确定造成事故的因素分类项目,如安全管理、操作者、操作对象、环境等,画出大枝;

(3)将上述项目深入发展,画出中枝并写出原因,一个原因画出一个枝,文字记在线的中枝的上下;

(4)将上述原因层层展开,一直到不能再分为止;

(5)确定鱼刺图中的主要原因,并标上符号,作为重点控制对象;

(6)注明鱼刺图的名称。

三、应用案例

例1　某靶场进行实弹射击试验,发生一起炮弹爆炸伤亡事故,死亡一人,轻伤三人。事故调查得出的直接原因为:弹丸飞行不正常,实际弹着点比预计落点近950m,横向偏左706m,如图8—2所示。炮弹正好落在观测人员附近爆炸,造成伤亡事故。据调查,炮弹质量、瞄准方法、射击情况均正常。

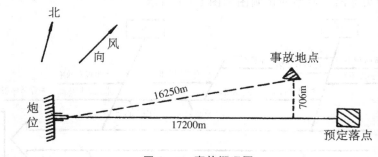

图8—2　事故概况图

根据事故情况及事故的原因分析,绘制出因果分析图如图8—3所示。

从图中的详细分析,可以明确看出,造成事故的根本原因主要有三条:

(1)操作者没有按要求擦拭检查炮膛,致使仍然使用不合格的火炮进行射击试验,造成弹丸飞行不稳定;

(2)操作者没有考虑风的影响,瞄准方位偏左,使弹丸飞行轨迹偏左;

(3)由于高、低空风力的影响,使弹丸飞行更向左偏移,致使最后弹着点落到观

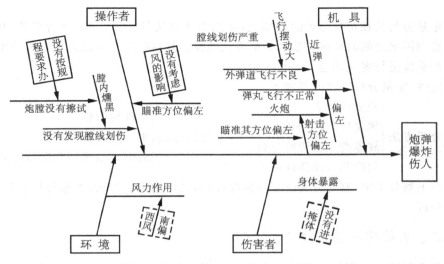

图 8-3　事故因果分析图

测人员附近,爆炸伤人。

上述第三条原因为客观因素,所以事故的主要原因是第一、二条。观测人员没有进入掩体,则是使事故扩大,增加伤亡的因素。

进行如上分析后,找到了事故的主要原因,事故责任也就查清了。针对事故原因,可以采取相应的具体防范措施。

第二节　系统安全分析方法小结

一、系统安全分析方法分类

目前,系统安全分析方法有许多种,可适用于不同的系统安全分析过程。这些方法可以按实行分析过程的相对时间进行分类;也可按分析的对象、内容进行分类;也可以按数理方法分为定性分析和定量分析;还可以按逻辑思维方法分为归纳分析和演绎分析。这里只介绍按数理方法分定性分析方法和定量分析方法。

定性的安全分析是指对影响系统、操作、产品或人身安全的全部因素,进行非数学方法的研究与分析,或对事件只给定"0"或"1"的分析程序,而"0"或"1"这两个数值的意义只表示事件不发生或发生。在系统安全分析中,一般应先进行定性分析,确定对系统安全的所有影响因素的模式及相互关系,然后再根据需要进行定量分析。

定量分析是在定性分析的基础上,运用数学方法与计算工具,分析事故、故障及其影响因素之间的数量关系和数量变化规律。其目的是对事故或危险发生的概率及严重度进行客观评定。

定性、定量分析方法分类如下:

$$\text{定性分析方法}\begin{cases}\text{安全检查表}\\\text{预先危险性分析}\\\text{故障类型及影响分析}\\\text{危险和可操作性研究}\end{cases}\quad\text{定量分析方法}\begin{cases}\text{事件树分析}\\\text{事故树分析}\\\text{故障类型影响和致命度分析}\end{cases}$$

在上列分类中,有的方法既可做定性分析,又可做定量分析,如事件树分析、事故树分析。

二、系统安全分析方法对比

下面对第 2 章到第 7 章详细介绍的 6 种系统安全分析方法,从目的、方法特点、适用范围、应用条件、优缺点比较分析,汇总如表 8—1 所示。

表 8—1　系统安全分析方法比较表

方法	目的	方法特点	适用范围	优点缺点	应用条件
安全检查表(SCL)	辨识所有危险有害因素并分析	按预先编制的有标准要求的检查表逐项检查,按规定、标准赋分	多用于各类系统设计、验收、运行、管理等,系统的开发研制和事故调查阶段基本不用	简单方便、易于掌握,有明确的检查目标,具有全面性和系统性;编制检查表的难度及工作量大	有事先编制的各类检查表,有赋分、评级标准
预先危险性分析(PHA)	辨识主要危险有害因素并分析	讨论分析系统存在的风险、危害因素、触发条件、事故类型、危险性等级	各类系统设计、施工、生产、维修前的概略分析	分析工作做在行动之前,避免由于考虑不周造成损失;受分析人员主观影响	分析人员熟悉系统,有丰富的知识和实践经验

（续表）

方法	目的	方法特点	适用范围	优点缺点	应用条件
故障类型及影响分析（FMEA）	辨识单个故障类型及造成的影响	列表、分析系统（单元、元件）故障类型、原因、影响，评定影响程度等级	机械电气系统、局部工艺过程、事故分析	对设备等硬件设施分析能力较强；较复杂、详尽；受分析人员主观因素影响	同上，且需有分析要求编制的表格
危险和可操作性分析（HAZOP）	确定系统存在的偏差并对其进行分析	通过讨论，分析系统可能出现的偏差、原因、后果及对整个系统的影响	化工系统、热力、水力系统的安全分析	简便、易行，相互促进、开拓思路；受分析人员主观影响	分析评价人员熟悉系统，有丰富的知识和实践经验
事件树（ETA）	分析可能发生的事故及如何消除事故	归纳法，由起始事件判断系统事故原因及条件内各事件频率，计算系统事故概率	各类局部工艺过程、生产设备、装置事故分析，生命周期早期阶段不太适用	简便易行，分析过程较为直观，可看到事故发生发展的全部动态过程；一个事件树只能有一个起始事件	需要分析人员对整个系统有着较为深刻的认识，有各事件发生的概率
事故树（FTA）	事故原因事故概率	演绎法，由事故和基本事件逻辑推断事故原因，由基本事件概率计算事故概率	适用领域非常广泛，如航天、采矿、化工、医疗等行业复杂系统的事故分析	侧重逻辑关系，灵活性高，可定量计算事故发生概率；工作复杂、精确，容易有误	熟练掌握方法和事故、基本事件间的联系，有基本事件概率数据

三、系统安全分析方法的选择

首先，要考虑系统所处的生命周期阶段。

任何一个系统都有其生命周期（Life Cycle）。系统的生命周期从系统的构思开始，经过可行性论证、设计、建造、试运行、运转、维修直至系统报废（完成一个生命周期），其各个环节都存在不同的安全的问题，即"安全伴随系统生命周期的思想"。而各种系统安全分析方法都是根据危险性的分析、预测以及特定的需要而研究开发的，它们都有各自的特点、一定的适用范围、应用的优势及局限性。因此，在系统生命周期各阶段进行分析时应该选择相应的系统安全分析方法。例如,在系统的开发、设计初期,可以应用预先危险性分析方法;在系统运行阶段,可以应用危险和可操作性研究、故障类型及影响分析等方法进行详细分析,或者应用事件树分析、事故树分析等方法对特定的事故或系统故障进行详细分析。系统生命周期内各阶段适用的系统安全分析方法见表 8—2。

表 8—2 系统安全分析方法适用情况

分析方法	开发研制	方案设计	样机	详细设计	建造投产	日常运行	改建扩建	事故调查	拆除
安全检查表		√	√	√	√	√	√		√
预先危险性分析	√	√	√	√			√		
故障类型及影响分析			√	√		√	√	√	
危险和可操作性研究			√	√		√	√	√	
事件树分析				√		√	√	√	
事故树分析				√		√	√	√	

其次,应根据实际情况,并考虑如下几个问题:

1. 分析的目的

系统安全分析方法的选择应该能够满足对分析的要求。系统安全分析的目的之一是辨识危险源,为此应做到:

(1)查明系统中所有危险源,并列出清单;

(2)掌握危险源可能导致的事故,列出潜在事故隐患清单;

(3)列出降低危险性的措施和需要深入研究部位的清单;

(4)将所有危险源按危险大小排序;

(5)为定量的危险性评价提供数据。

在进行系统安全分析时,有些方法只能用于查明危险源,而大多数方法都可以列出潜在的事故隐患或确定降低危险性的措施,但能提供定量数据的方法并不多,应当根据需要确定分析方法。

2. 资料的影响

关于资料收集的多少、详细程度、内容的新旧等,都会对选择系统安全分析方法有着至关重要的影响。

一般来说,资料的获取与被分析的系统所处的阶段有直接关系。例如,在方案设计阶段,采用危险和可操作性研究或故障类型及影响分析的方法就难以获取详细的资料。随着系统的发展,可获得的资料越来越多、越来越详细。为了能够正确分析,应该收集最新的、高质量的资料。

3. 系统的特点

针对被分析系统的复杂程度和规模、工艺类型、工艺过程中的操作类型等影响来选择系统安全分析方法。

对于复杂和规模大的系统,由于需要的工作量和时间较多,应先用较简捷的方法进行筛选,然后根据危险性的大小,再采用适当的方法进行详细分析。

对于某些特定的工艺过程或系统可选用那些与之相适应并被实践证明确实有效的方法。例如,对于分析化工工艺过程可采用危险和可操作性研究;对于分析机械、电气系统可采用故障类型及影响分析。

对于不同类型的操作过程,若事故的发生是由单一故障(或失误)引起的,则可以选择危险和可操作性研究;若事故的发生是由许多危险源共同引起的,则可以选择事件树分析、事故树分析等方法。

4. 系统的危险性

当系统的危险性较高时,通常采用系统的、预测性的方法,如危险和可操作性研究、故障类型及影响分析、事件树分析、事故树分析等方法。当危险性较低时,一般采用经验的、不太详细的分析方法,如安全检查表法等。

对危险性的认识,与系统无事故运行时间和严重事故发生次数,以及系统变化情况等有关。此外,还与分析者所掌握的知识和经验、完成期限、经费状况等有关。

第三节　危险源辨识

一、危险源

危险源(hazard)也可能导致人身伤害或健康损害的根源、状态或行为,或其组合。事故的根源就是危险源,系统中存在的危险源是事故发生的根本原因,即系统安全思想的"系统中的危险源是事故根源的思想"。系统发生事故一定有危险源存在;但有危险源不一定发生事故。

二、危险源辨识

危险源辨识就是识别危险源的存在并确定其特性的过程。系统安全分析的目的之一是辨识危险源,各种分析方法进行分析时都需要进行危险源辨识。如何辨识出系统中真实存在的危险源是系统安全分析好坏的关键所在。

三、危险源分类

1. 按导致事故和职业危害的原因分类

在我国的传统安全管理中,一般将"危险源"理解为"危险有害因素"并对这些因素进行了分类。其中按可能导致生产过程中危险和有害因素的性质进行的分类,已由 GB/T13861—2009《生产过程中的危险和有害因素分类与代码》国家标准将危险有害因素分为四类:人的因素、物的因素、环境因素和管理因素。

2. 按事故类别分类

《企业职工伤亡事故分类》标准是一部劳动安全管理的基础标准,它适用于企业职工伤亡事故统计工作。标准在综合考虑导致事故的起因物、引起事故的诱导性原因、致害物和伤害方式等因素的情况下,将企业职工伤亡事故的类型分为 20种,具体见表 8—3。危险类型的划分可借鉴该事故类别的划分方法。

表 8—3 《企业职工伤亡事故分类》表

1	物体打击	2	车辆伤害	3	机械伤害	4	起重伤害
5	触电	6	淹溺	7	灼烫	8	火灾
9	高处坠落	10	坍塌	11	冒顶片帮	12	透水
13	放炮	14	火药爆炸	15	瓦斯爆炸	16	锅炉爆炸
17	容器爆炸	18	其他爆炸	19	中毒和窒息	20	其他伤害

3. 按两类危险源分类

根据前面给出的危险源的定义和能量意外释放理论,危险源可分为根源危险源和状态危险源。

根源危险源在习惯上又称为第一类危险源。这类危险源是直接引起人员伤害、财产损失或环境破坏的根本原因,是能量、能量的载体或危险物质的存在,是发生事故的物理本质。这些能量的存在可以包括动能、势能、热能、电能、化学能、核能和机械能等。能量的载体可以是行驶的汽车、运转的机床、高空存放的物体、高压容器等。危险物质可以是易燃易爆物质、有毒有害物质、自燃性物质、腐蚀性物质及其他危险化学品等。这类危险源是导致事故发生的主体,并决定事故后果的严重程度,由于这类危险源是客观存在的,也称为固有型危险源。

状态危险源在习惯上又称为第二类危险源。在正常情况下,客观存在的能量、能量的载体以及危险物质受到约束条件的限制,处于受到约束或受控的状态,所储存的能量不能意外释放,因此不会发生事故,一旦这些约束条件遭到破坏或失效,能量及危险物质则处于失控状态,将导致事故的发生。这些可能导致能量或危险物质约束条件或限制措施破坏或失效的因素称作第二类危险源。第二类危险源主要包括三个方面的因素:一是人的不安全行为;二是物的不安全状态;三是环境的不安全因素。例如,作业人员失误、系统故障、环境恶化等。这些因素都可以造成第一类危险源能量的意外释放,造成人员伤亡或财产损失等事故的发生。这类危险源是系统从安全状态向危险源状态转化的必要条件,是系统能量意外释放的触发原因。有时,也将第二类危险源称为触发型危险源。

4. 重大危险源

重大危险源是指长期地或者临时地生产、搬运、使用或者储存危险物品,且危险物品的数量等于或者超过临界量的单元(包括场所和设施)。

确定重大危险源的核心因素是危险物品的数量是否等于或者超过临界量。所谓临界量是指对某种或某类危险物品规定的数量,若单元中的危险物品数量等于或者超过该数量,则该单元应定为重大危险源。具体危险物质的临界量,由危险物品的性质决定,详见《危险化学品重大危险源辨识》标准(GB18218－2009)。

复习思考题

1. 说明因果分析图法的分析步骤。
2. 用因果分析图法对机械事故进行分析。
3. 选择系统安全分析方法时应考虑哪几个方面的问题?
4. 如何进行危险源辨识?
5. 简述预先危险性分析(PHA)、故障类型及影响分析(FMEA)、危险性和可操作性研究(HAZOP)三种安全分析方法的异同。并根据自己的认识,说明它们在实际工作中应用。
6. 对金工实习的实训中心进行系统安全分析。

第九章 安全评价

伴随着工业革命的诞生,19世纪产生了企业风险管理思想,20世纪60年代形成了安全系统工程理论。安全评价作为安全系统工程的重要组成部分,经过近一个世纪的发展和应用,不仅成为现代安全生产的重要环节,而且在安全管理的现代化、科学化中也起到了积极的推动作用。

第一节 安全评价概述

一、安全评价的定义

安全评价(Safety Assessment)也称风险评价或危险评价,它既需要安全评价理论的支持,又需要理论与实际经验的结合,二者缺一不可。

依据《安全评价通则》AQ 8001—2007中对安全评价的定义可知,安全评价是以实现安全为目的,应用安全系统工程原理和方法,辨识与分析工程、系统、生产经营活动中的危险、有害因素,预测发生事故或造成职业危害的可能性及其严重程度,提出科学、合理、可行的安全对策措施建议,做出评价结论的活动。

二、安全评价的内容

安全评价是一个运用安全系统工程原理和方法,辨识和评价系统、工程中存在的风险的过程。这一过程包括危险有害因素辨识及危险危害程度评价两部分。危险有害因素辨识的目的在于辨识危险来源;危险有害程度评价的目的在于确定和衡量来自危险源的危险性、危险程度和应采取的控制措施,以及采取控制措施后仍然存在的危险性是否可以被接受。在实际的安全评价过程中,这两个方面是不能截然分开、孤立进行的,而是相互交叉、相互重叠于整个评价工作中。安全评价的基本内容如图9—1所示。

三、安全评价的分类

安全评价的分类方法很多,按照实施阶段不同分为三类:安全预评价、安全验收评价、安全现状评价。

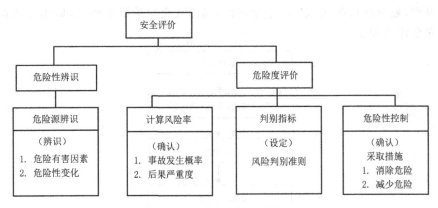

图 9—1　安全评价的基本内容

1. 安全预评价

安全预评价是在建设项目可行性研究阶段、工业园区规划阶段或生产经营活动组织实施之前,根据相关的基础资料,辨识与分析建设项目、工业园区、生产经营活动潜在的危险、有害因素,确定其与安全生产法律法规、标准、行政规章、规范的符合性,预测发生事故的可能性及其严重程度,提出科学、合理、可行的安全对策措施建议,做出安全评价结论的活动。

2. 安全验收评价

安全验收评价是在建设项目竣工后、正式生产运行前或工业园区建设完成后,通过检查建设项目安全设施与主体工程同时设计、同时施工、同时投入生产和使用的情况或工业园区内的安全设施、设备、装置投入生产和使用的情况,检查安全生产管理措施到位情况,检查安全生产规章制度健全情况,检查事故应急救援预案建立情况,审查确定建设项目、工业园区建设满足安全生产法律法规、标准、规范要求的符合性,从整体上确定建设项目、工业园区的运行状况和安全管理情况,做出安全验收评价结论的活动。

3. 安全现状评价

安全现状评价是针对生产经营活动中、工业园区的事故风险、安全管理等情况,辨识与分析其存在的危险、有害因素,审查确定其与安全生产法律法规、规章、标准、规范要求的符合性,预测发生事故或造成职业危害的可能性及其严重程度,提出科学、合理、可行的安全对策措施建议,做出安全现状评价结论的活动。

四、安全评价的程序

安全评价的基本程序如图 9—2 所示,主要包括:准备阶段,辨识与分析危险有害因素,划分评价单元,定性、定量评价,提出安全对策措施建议,做出评价结论,编制安全评价报告。

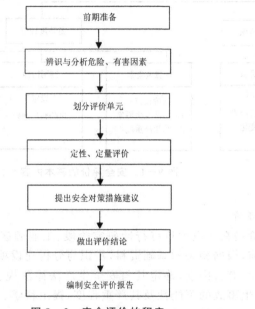

图9-2 安全评价的程序

1. 准备阶段

明确评价对象,备齐有关安全评价所需的设备、工具,收集国内外相关法律、法规、标准、规章、规范等资料。

2. 辨识与分析危险有害因素

根据评价对象的具体情况,辨识和分析危险有害因素,确定其存在的部位、存在的方式以及发生作用的途径及其变化规律。

3. 划分评价单位

评价单元划分应科学合理、便于实施评价、相对独立且具有明显的特征界限。

4. 定性、定量评价

根据评价单元的特性,选择合理的评价方法,对评价对象发生事故的可能性及其严重程度进行定性、定量评价。

5. 提出安全对策措施建议

依据危险有害因素辨识与分析结果及定性、定量评价结果,遵循针对性、技术可行性、经济合理性的原则,提出消除或减弱危险有害因素的技术和管理对策措施建议。对策措施建议应具体详实、具有可操作性。

6. 做出评价结论

根据客观、公正、真实的原则,严谨、明确地做出安全评价结论。安全评价结论的内容应包括:高度概括评价结果,从风险管理角度给出评价对象在评价时与国家有关安全生产的法律、法规、标准、规章、规范的符合性结论,给出事故发生的可能性和严重程度的预测性结论,以及采取安全对策措施建议后的安全状态等。

7. 编制安全评价报告

安全评价报告是安全评价过程的具体体现和概括性总结,是评价对象实现安全运行的技术性指导文件,对完善自身安全管理、应用安全技术等方面具有重要作用。安全评价报告作为第三方出具的技术性咨询文件,可供政府安全生产监管监察部门、行业主管部门等相关单位对评价对象的安全行为进行法律、法规、标准、规章、规范的符合性判别时使用。安全评价报告应全面、概括地反映安全评价过程的全部工作,文字应简洁、准确,提出的资料清楚可靠,论点明确,利于阅读和审查。

五、安全评价方法的分类

安全评价方法分类的目的是为了根据安全评价对象选择适用的评价方法。安全评价方法的分类方法很多,常用的有按评价结果的量化程度分类、按评价的推理过程分类、按针对的系统性质分类、按安全评价要达到的目的分类等。

按照安全评价结果的量化程度对安全评价方法进行分类,分为定性安全评价方法和定量安全评价方法。

1. 定性安全评价方法

定性安全评价方法主要是根据经验和直观判断能力对生产系统的工艺、设备、设施、环境、人员和管理等方面的状况进行定性的分析,安全评价的结果是一些定性的指标,如是否达到了某项安全指标、事故类别和导致事故发生的因素等。常用的定性安全评价方法主要有安全检查表、预先危险性分析法、作业条件危险性评价法(格雷厄姆—金尼法或 LEC 法)、专家现场询问观察法、危险和可操作性研究等。

定性安全评价方法的特点是容易理解、便于掌握,评价过程简单,在国内外企业安全管理工作中被广泛使用。但定性安全评价方法往往依靠经验,带有一定的局限性,安全评价结果有时因参加评价人员的经验和经历等有相当的差异。同时由于安全评价结果不能给出量化的危险度,所以不同对象之间的安全评价结果缺乏可比性。

2. 定量安全评价方法

定量安全评价方法是运用基于大量的实验结果和广泛的事故资料统计分析获得的指标或规律(数学模型),对生产系统的工艺、设备、设施、环境、人员和管理等方面的状况进行定量的计算,评价结果是一些定量的指标,如事故发生的概率、事故的伤害(或破坏)范围、定量的危险性、事故致因因素的重要度等。

按照安全评价给出的定量结果的类别不同,定量安全评价方法还可以分为概率风险评价法、伤害(或破坏)范围评价法和危险指数评价法。常用的概率风险评价法有故障类型影响和致命度分析、事故树分析、马尔柯夫模型分析等;常用的伤害(或破坏)范围评价法有液体泄漏模型、气体泄漏模型、气体绝热扩散模型、爆炸冲击波超压伤害模型、蒸汽云爆炸超压破坏模型、毒物泄漏扩散模型等;常用的危险指数评价法有道化学公司火灾、爆炸危险指数评价法、蒙德火灾爆炸毒性指数评价法、危险度评价法等。

第二节 定性安全评价

如果系统、子系统、元件并非特别重要,或者不会产生极为严重后果的事故,则可根据定性分析的结果进行定性安全评价。定性评价不需要精确的数据和计算,实行起来比较容易。前面介绍的安全分析方法如安全检查表、预先危险性分析、故障类型及影响分析、事件树分析等都可以进行定性安全评价。

定性安全评价的主要目的是解决下述问题:

(1)按次序揭示系统、子系统中存在的所有危险性。由于使用了安全系统工程方法,可以做到不漏项。

(2)能大致对危险性进行重要程度的分类。这样可以区分轻重缓急,采取适当的安全措施。

(3)在工程设计之前使用这种方法,可以提醒人们选用较安全的工艺和材料。设计完成之后、在施工之前使用这种方法,可以查出设计缺陷,及早采取修正措施。

(4)可以帮助制定和修改有关安全操作的规章制度,也可用它进行安全教育。

(5)可作为安全监督检查的依据。

(6)可为定量安全评价做好准备工作。

一、逐项赋值评价法

系统逐项赋值评价法的应用范围较大,主要针对安全检查表的每一项检查内容,按其重要程度的不同,由专家讨论赋予一定的分值。评价时,单项检查完全合格者给满分,部分合格者按规定的标准给分,完全不合格者记零分。这样逐项地检查评分,最后累计所有各项得分,便得到系统安全评价的总分。根据实际评价得分多少,按规定的标准来确定评价系统的安全等级。

例如,我国的《危险化学品从业单位安全标准化规范》的安全评价表就是这样计分的。安全标准化规范包括 10 个一级评价要素、53 个二级评价要素,并附有相应的安全评价检查表,作为各单项评价时的依据。安全评价检查表全面、系统地包括了对企业生产和经营管理的主要安全要求,实用性较强,为广泛开展安全评价工作提供了便利条件。危险化学品从业单位安全标准化作业安全检查表如表9—1所示。

表9—1　危险化学品从业单位安全标准化作业安全检查表

考核要素	考核内容	评分标准	应得分	实得分
作业证	对动火作业、进入有限空间作业、动土作业、临时用电作业、高处作业等实施作业许可证管理,履行严格的审批手续	查作业许可证,每项不符合扣2分,扣完为止	25	
警示标志	(1)在易燃易爆、有毒有害场所的适当位置张贴警示标志和告知牌 (2)产生职业病危害的企业,应在醒目位置设置公告栏,公布有关职业病防治的规章制度、操作规程、职业病危害事故应急救援措施和工作场所职业病危害因素检测结果 (3)在可能产生严重职业病危害作业岗位的醒目位置设置警示标识和中文警示说明,告知产生职业病危害的种类、后果、预防及应急救治措施等内容 (4)在检维修、施工、吊装等作业现场设置警戒区域和警示标志	(1)本项5分。查看现场,每项不符合扣1分 (2)本项2分。查看现场,每项不符合扣1分 (3)本项3分。查看现场,每项不符合扣1分 (4)本项5分。查看现场,每项不符合扣2分	15	
直接作业环节	(1)对动火作业、进入受限空间作业、临时用电作业、高处作业、起重作业、破土作业、高温作业等直接作业环节进行风险分析,制定控制措施,配备、使用安全防护用品,配备监护人员 (2)对承包商施工作业现场进行安全管理,发现问题提出整改要求 (3)制订和履行严格的危化品储存、出入库安全管理制度及运输、装卸安全管理制度,规范作业行为,减少事故发生	(1)本项15分。查风险分析、控制措施及现场查看,每项不符合扣2分,扣完为止 (2)本项5分。查检查记录及现场查看,每项不符合扣1分,扣完为止 (3)本项5分。无管理制度扣2分。查看现场,每项不符合扣1分。扣完为止	25	

考核要素	考核内容	评分标准	应得分	实得分
分包商	（1）建立承包商管理制度，对承包商资格预审、选择、开工前准备、作业过程监督、表现评价、续用等进行管理；建立承包商档案 （2）建立供应商管理制度，制定资格预审、选用和续用标准，并经常识别与采购有关的风险	（1）本项 10 分。每项不符合扣 1 分。未建立档案扣 3 分。档案不全，每项不符合扣 1 分，扣完为止 （2）本项 5 分。未经常识别与采购有关的风险扣 2 分。其他每项不符合扣 1 分，扣完为止	15	
变更	（1）建立变更管理制度，对人员、管理、工艺、技术、设施等永久性或暂时性的变化进行有计划的控制 （2）变更的实施应履行审批及验收程序 （3）对变更过程及变更所产生的风险进行分析和控制	（1）本项 5 分。无变更管理制度扣 5 分。内容中每项不符合扣 1 分，扣完为止 （2）本项 8 分。查记录，每项不符合扣 1 分。未履行审批及验收程序每次扣 3 分。扣完为止 （3）本项 7 分。未进行风险分析扣 3 分，控制措施不符合扣 2 分。扣完为止	20	
合计			100	

二、LEC 法

这是一种简单易行的评价人们在具有潜在危险性的环境中作业时的危险性评价方法。它是由美国的格雷厄姆（K.J.Graham）和金尼（G.F.Kinney）提出的，也称为 LEC 法。它是用与系统风险率有关的三种因素指标值之积来评价系统人员伤亡风险大小的。这三种因素是：L—发生事故的可能性大小；E—人体暴露在这种危险环境中的频繁程度；C——旦发生事故会造成的损失后果。但是，要取得这三种因素科学准确的数据，却是相当繁琐的过程。为了简化评价过程，可采取计算法，根据三种因素的不同等级分别确定不同的分值，再以三个分值的乘积 D 来评价危险性的大小。即：

$$D = L \cdot E \cdot C \tag{9-1}$$

D 值越大，说明该系统的危险性越大，需要增加安全措施，或改变发生事故的可能性，或减少人体暴露于危险环境中的频繁程度，或减轻事故损失，直至调整到允许范围。

1. 发生事故的可能性大小

事故或危险性事件发生的可能性大小,当用概率表示时,绝对不可能发生的事件的概率为0;而必然发生的事件的概率为1。在考虑系统的危险性时,根本不能认为事故是绝对不可能发生的,所以也不存在概率为0的情况。只能说,某种环境发生事故的可能性极小,其概率趋近于0。以实际不可能的情况作为"打分"的参考点,规定其可能性分数为0.1。

然而,实际不可能发生的情况在安全工作中没有意义。在生产环境中,事故或危险事件发生的可能性范围是十分广泛的,从完全出乎意料而不可预测但是有极小可能性的事件,到能预料将来某个时候会发生的事件。人为地规定前面一种情况的可能性分数为1,后者的可能性分数为10。对于处在这两种情况之间的情况则指定中间值。例如,规定"能够发生"的情况可能性分数为6。在0.1与1之间也插入了与某种可能性对应的分数值。于是,事故或危险事件发生可能性的分数范围从实际不可能事件的0.1,经过意外而有极小可能性事件的1,到可预料事件的10。表9-2为事故或危险事件发生的可能性分数值。

表9-2 事故或危险事件发生的可能性分数值(L)

分数值	事故或危险事件发生的可能性
10	完全会被预料到
6	相当可能
3	不经常,但可能
1	完全意外,极少可能
0.5	可以设想,但绝少可能
0.2	极不可能
0.1	实际上不可能

2. 暴露于危险环境的频繁程度

人员处在危险环境中的时间越长,受伤害的可能性越大,相应的危险性也越大。规定连续出现在危险环境中的暴露分数值为10;规定每年仅出现几次的相当稀少的暴露情况其分数为1。并以这两种情况为参考点规定了中间情况的暴露分数值。例如,每周一次或仅仅偶尔暴露的情况被指定分数值为3。外推考虑非常罕见地暴露的分数值为0.5,根本不暴露的情况在实际上是没有意义的。表9-3列出了暴露分数值。

表 9－3　暴露于危险环境的频繁程度分数值（E）

分 数 值	暴露于危险环境的频繁程度
10	连续暴露于潜在危险环境
6	逐日在工作时间内暴露
3	每周一次或偶然地暴露
2	每月暴露一次
1	每年几次出现在潜在危险环境
0.5	非常罕见地暴露

3.发生事故产生的后果

事故或危险事件造成的人身伤害或物质损失可能在很大的范围内变化。对于伤亡事故来说，可以从轻微伤害到多人死亡。对于这样广阔的变化范围，规定分数值为 1～100。把需要救护的轻微伤害的可能结果规定为分数值 1，把造成多人死亡的可能结果规定为分数值 100。在这两个参考点之间内插指定中间值。表 9－4 为规定的发生事故产生的后果的分数值。

表 9－4　可能结果的分数值（C）

分 数 值	可 能 结 果	
100	大灾难	许多人死亡
40	灾难	数人死亡
15	非常严重	一人死亡
7	严重	严重伤害
3	重大	致残
1	引人注目	需要救护

4.危险性分值

根据公式 $D = L \cdot E \cdot C$ 可以计算作业危险性分值，但关键在于确定评价的标准。根据经验，危险分数值在 70 以下的环境被认为是低危险性的，一般来说可以被人们接受。这样的危险比日常生活中的一些活动，如骑自行车通过拥挤的马路去上班的危险性还要低。危险分数值为 70～160 的情况有显著的危险性，需要马上采取措施进行整改。危险分数值为 160～320 的环境是一种必须立即采取措施进行整改的高度危险的环境。320 分以上的高分数值则表示环境异常危险，应该立即停止作业,直到环境得到改善为止。如果不能采取有效的措施保证安全生产,则应该永远停止工作。

由于这种分级是根据过去的经验划分的,难免带有局限性,所以不能认为它是普遍适用的,故仅供参考。在具体应用时可以根据自己的经验适当加以修正,使之更适合于实际情况。表 9-5 为危险性等级划分。

表 9-5　危险等级划分(D)

分　数　值	危　险　程　度	
＞320	极其危险	不能继续作业
160～320	高度危险	需要立即整改
70～160	显著危险	需要整改
20～70	可能危险	需要注意
＜20	稍有危险	或许可被接受

当根据评价系统内不同作业条件的危险性,以确定采取措施的轻重缓急时,可以把计算得到的危险分数直接比较,哪个危险分数值高,哪个应优先被整改。

例 1　耐火材料企业在砖坯成型生产工序中使用一种摩擦压力机。这种压力机出厂时没有安全保护装置,使用单位也没有采取有效措施,在操作过程中有时会发生压手事故。以前发生的事故,一般为压掉手指,最严重的伤害是把整个一只手压掉,但不会使受害者死亡。为了评价这种操作条件的危险性,首先确定每种因素的分数值:

(1)发生事故的可能性大小。对于这种情况,其发生事故的可能性属于"相当可能发生"一级,其分数值 $L = 6$。

(2)暴露于危险环境的频繁程度。工人每天都在这样的环境条件下操作,得到分数值 $E = 6$。

(3)发生事故产生的后果。可能后果处于"重大,致残"和"严重,严重伤害"之间,分数值 $C = 5$。

因此按 $D = L \cdot E \cdot C$ 可得:

危险分值　$D = L \cdot E \cdot C = 6 \times 6 \times 5 = 180$

这种作业条件已经属于高度危险,应立即采取措施解决。

第三节　定量安全评价

对于一个系统、装置或设备,经过定性评价以后,已经对其中存在的危险性有了一定了解,知道了薄弱环节所在。但是,仍然有些问题需要确定,例如,系统发生事故的可能性如何,系统经过怎样修改才能更安全一些,采取什么样的安全措施才能既经济又有效,等等,因此需要进行定量安全评价。

定量安全评价方法包括概率风险评价法、伤害(或破坏)范围评价法和危险指数评价法。概率风险评价法使用故障类型影响和致命度分析、事件树分析、事故树分析等方法求出系统发生故障或事故的概率,进而计算出风险率,以风险率大小来确定系统是否安全。这种评价方法需要一定的数据和数学基础,评价结果的精确度较高,但实施起来比较困难。危险指数评价法以危险指数作为衡量系统安全的标准,如美国道化学公司的火灾爆炸指数评价法以物质的理化特性为基础,结合其他条件计算出系统的火灾爆炸指数进行评价。这类方法使用起来比较容易,但精确度稍差。下面介绍几种常用的定量安全评价方法。

一、概率风险评价法

概率风险评价法建立在大量的实验数据和事故统计分析基础之上,因此评价结果的可信程度较高。由于能够直接给出系统的事故发生概率,因此便于各系统可能性大小的比较。特别是对于同一个系统,概率风险评价法可以给出发生不同事故的概率、不同事故致因因素的重要度,便于不同事故可能性和不同致因因素重要性的比较。但该类评价方法要求数据准确、充分,分析过程完整,判断和假设合理,特别是需要准确地给出基本致因因素的事故发生概率,显然这对一些复杂、存在不确定因素的系统是十分困难的。因此该类评价方法不适应基本致因因素不确定或基本致因因素事故概率不能给出的系统。但是,随着计算机在安全评价中的应用,模糊数学理论、灰色系统理论和神经网络理论在安全评价中的应用,弥补了该类评价方法的一些不足,扩大了应用范围。

1. 风险率

风险率是衡量危险性的指标。危险性在一定的条件下发展成为事故,所造成的后果受两个因素影响,一个是发生事故的概率,另一个是发生事故造成后果的严重程度。即:

$$风险率(R) = 概率(Q) \times 严重度(S) \tag{9-2}$$

如果事故发生的概率很小,即使后果十分严重,风险也不会很大。反之,事故发生的概率很大,即使每次事故的后果不太严重,风险依然很大。所以,为了比较危险性,风险率是一个衡量的标准。

风险率用单位时间内事故造成损失的大小来表示。单位时间可以是一年、半年或一个月等,也可以是系统运行(或大修)周期。事故损失可以是人员的伤亡、工作日损失或经济损失。

一般来说,在生产过程中的任何系统都可能发生事故,都要承担事故造成的人和物损失的风险。因此,风险是客观存在的,是不可避免的。同时,人们在从事生产活动中总期望获得较高的收益,而较高的收益要付出较高的代价,要承担较大的风险。对于获益较少的生产活动,承担的风险就相对小些。因此,风险的大小取决于受益程度,两者关系基本上成正比。

在生产活动中,每人每年死亡概率的数量级为 10^{-2},是极其危险的,是绝对不能接受的;10^{-3} 是属于高度危险,这种情况虽然很少,但要立即采取措施;10^{-4} 是属于中度危险,人们不愿出现这种情况,因而愿意拿出经费进行改善;10^{-5} 是属于危险性低的级别,相当于游泳时淹死的事故情况,人们对此是关心的;在 10^{-6} 以下基本可以忽略,这相当于遭受天灾而死亡的概率。

2. 安全标准

任何生产系统都有一定的风险率,但达到什么程度才算是安全呢? 因此,计算出系统的风险率以后,要把它和一个公认为安全的风险率数值进行比较,看是否符合要求,才能得出结论。这个安全风险率数值就称为安全标准(指标)。它是根据多年积累的经验所确定并为公众所承认的指标。

安全标准可用单位时间死亡率、损失工作日或经济损失表示。

(1)以单位时间死亡率表示。目前,国际上经常采用单位时间死亡率来进行系统安全评价,这是因为:①保障人身安全是安全系统工程的根本任务;②"死亡"这一事件是非常明确的,统计数据可靠性也最高,而且从海因里希的 1:29:300 法则出发,可以从死亡的人数中引申和推断发生轻伤和无伤害的情况。

(2)以单位时间损失工作日表示。事故除了可能产生死亡结果外,大多数是负伤。为了对负伤风险进行评价,可根据统计规律来求出各行业负伤风险率期望值,即负伤安全标准。一般以每接触小时的损失工作日数为计算单位,表 9—6 是美国各行业的负伤安全标准。

表 9—6 美国各行业的负伤安全指标

行业类型	风险率 (损失日数/接触小时)	行业类型	风险率 (损失日数/接触小时)
全美工业	6.7×10^{-4}	钢铁工业	6.3×10^{-4}
汽车工业	1.6×10^{-4}	石油工业	6.9×10^{-4}

（续表）

行业类型	风险率 （损失日数/接触小时）	行业类型	风险率 （损失日数/接触小时）
化学工业	3.5×10^{-4}	造船工业	8.0×10^{-4}
橡胶与塑料工业	3.6×10^{-4}	建筑业	1.5×10^{-3}
商业（批发与零售）	4.7×10^{-4}	采矿、采煤业	5.2×10^{-3}

（3）以单位时间损失价值表示。以单位时间内经济损失价值的风险率进行安全性评价，是全面评价系统安全性的方法。它既考虑事故发生可能造成的经济损失，同时又把人员伤亡损失折合成经济损失，统一计算事故造成的总损失。

一般说来，事故的经济损失越大，其允许发生的概率越小；事故经济损失越小，允许发生的概率越大。这个允许范围就是安全范围。

评价结果如果超出安全范围，则必须采取各种措施对系统进行调整，使安全风险降至安全目标值以下，以达到系统安全的目的。

3. 可靠性安全评价应用实例

例2　有一压力机系统，如图9—3所示。压力机上有一手动开关S，操纵控制阀SV使杆上下运动。在压力机将压杆提上时，工人用手向压模内送料。如果元件发生故障或操作失误，就会发生轧手事故。其事故树如图9—4所示。

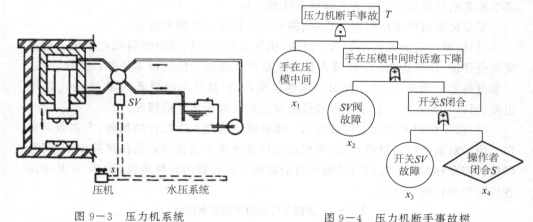

图9—3　压力机系统　　　　　　　图9—4　压力机断手事故树

图中各基本事件的发生概率分别为：$P(x_1)=0.5$（送料时间占手工作时间的一半），$P(x_2)=10^{-7}$，$P(x_3)=10^{-7}$，$P(x_4)=10^{-2}$。

事故树的布尔表达式为：　　$T=x_1(x_2+x_3+x_4)$

顶上事件 T 的发生概率近似为：

$$Q = P(x_1)[P(x_2) + P(x_3) + P(x_4)] = 0.5 \times (10^{-7} + 10^{-7} + 10^{-2})$$
$$= 5 \times 10^{-3}$$

若压断手指的损失严重度 $S = 2000$ 工作日/次，则风险率

$$R = Q \cdot S = 5 \times 10^{-3} \times 2 \times 10^3 = 10(损失工作日/接触小时)$$

这说明，每接触压力机 1 小时，就要承担损失工作日 10 天的风险。很显然，这样的风险是不能接受的。因此，经过评价认为该系统是不安全的，必须予以整改。

为了提高系统的可靠性，可以在基本元件上串联一个元件，即增加一个冗余件。由于串联的元件是与门连接，元件故障率会变小，因而使整个系统故障发生的概率变小。在本例中，即在原来的开关 S_1 上串接另一个开关 S_2，使单手闭合电路变为双手，在同时闭合 S_1 和 S_2 时，才能使滑块下行，如图 9-5 所示，事故树如图 9-6 所示。这时，事故树的布尔表达式为：

$$T = x_1[x_2 + (x_3 + x_4)(x_5 + x_6)]$$

式中，x_5、x_6 的发生概率分别为 $P(x_5) = 10^{-7}$，$P(x_6) = 10^{-5}$。

则顶上事件的发生概率近似为：

$$Q = 0.5 \times [10^{-7} + (10^{-7} + 10^{-2})(10^{-7} + 10^{-5})] = 1.01 \times 10^{-7}$$

改进后的风险率为：

$$R = Q \cdot S = 1.01 \times 10^{-7} \times 2 \times 10^3 = 2.02 \times 10^{-4}(损失工作日/接触小时)$$

这个风险率低于安全标准，系统改进后可以认为是安全的。

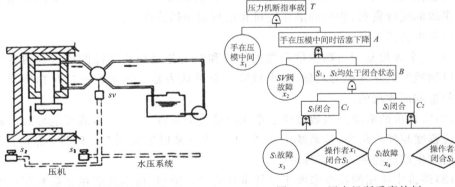

图 9-5　压力机系统（改进后）　　　　图 9-6　压力机断手事故树

二、危险指数评价法

危险指数评价法以物质系数法为基础，用危险指数作为衡量系统安全的标准。指数评价法根据工厂所用原材料的一般化学性质，结合它们具有的特殊危险性，再

加上进行工艺处理时的一般和特殊危险性,以及量方面的因素,换算成火灾爆炸指数或评点数,然后按指数或评点数划分危险等级,最后根据不同等级确定在建筑结构、消防设备、电器防爆、监测仪表、控制方法等方面的安全要求。美国道化学公司火灾爆炸危险指数评价法(Dow Chemical Company,Fire and Explosion Index)(简称 DOW 法)是目前广泛使用的危险指数评价法。

1. DOW 法概述

1)产生和发展

道化学公司首先提出的火灾与爆炸危险指数 F&EI 被化学工业界公认为是最主要的危险指数。关于这个指数的评价方法,是世界上开发最早、应用最为成功、影响也最为广泛的一种针对化工生产系统的综合性评价方法。

DOW 法既是一种针对化工单元的具体评价法,又是一种如何进行评价的思想方法与工作方法。它自己在不断地发展变化中,也带动和促进了其他评价方法的产生与改进。英国帝国化学公司在道化学火灾爆炸指数评价法的基础上,考虑了物质的毒性,提出了 ICI 蒙德法。日本劳动省提出了"化工安全评价指南"。我国也开展了危险指数评价的研究,在 1992 年发布的国家标准—光气生产安全评价中采取了危险指数计算程序。

美国道化学公司自 1964 年开发第一版以来,历经 29 年,不断修改完善,在 1993 年推出了第 7 版,可以说更完善,更趋成熟。它是以工艺过程中物料的火灾、爆炸潜在危险性为基础,结合工艺条件、物料量等因素求取火灾爆炸指数,进而可求出经济损失的大小、以经济损失评价生产装置的安全性。评价中定量的依据是以往事故的统计资料、物质的潜在能量和现行安全措施的状况。

2)基本特点

(1)整个评价基于对物质危险性的评价和对工艺过程危险性的评价。两者相比又以物质的危险性更为基础,整个危险指数可认为是工艺过程通过对物质及其反应的影响而体现的。

(2)所评价的危险性指数反映了系统的最大潜在危险,预测事故可能导致的最大危害程度与停产损失,是系统中物质、工艺定下来以后的固有危险性,基本上未涉及当时生产过程中人和管理的因素。

(3)评价中所用的数据来源于以往事故的统计资料、物质的潜在能量和现行安全防灾措施的经验。所以尽管把这些经验量化成了数据,但本质上仍属定性的、相对比较的方法。

(4)固有危险和安全措施的效能最后都通过折算为美元来表现,风险评价与保险的目的很突出。

3)评价目的

评价的目的是：能真实地量化潜在火灾爆炸和反应性事故的预期损失；确定可能引起事故发生或使事故扩大的设备（或单元）；向管理部门通报潜在的火灾、爆炸和危险性；使工程技术人员了解各工艺部分可能的损失，并帮助确定减轻潜在事故严重性和总损失的有效而又经济的途径。

2. 评价程序

该方法以物质系数为基础，求出火灾爆炸指数。再根据火灾爆炸的影响范围和安全措施补偿系数，计算最大可能财产损失、实际最大可能损失及停产损失，最后根据评价的结果采取相应的预防措施。道化学火灾爆炸指数评价法第 7 版的评价程序如图 9－7 所示。

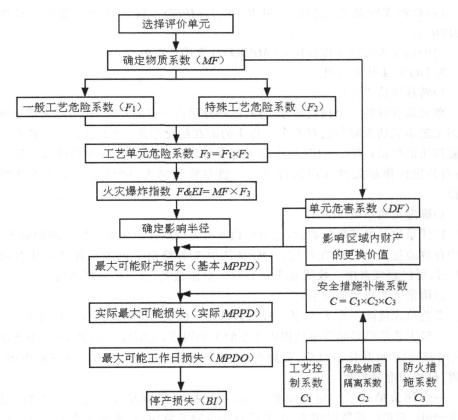

图 9－7　道化学火灾爆炸指数评价法第 7 版程序

评价程序具体有 10 个步骤：

(1)选择评价单元；

(2)确定物质系数 MF；

(3)按单元的工艺条件，选用适当的危险系数（F_1 和 F_2）；

(4)用一般工艺危险系数和特殊工艺危险系数相乘求出工艺单元危险系数（$F_3 = F_1 \times F_2$）；

(5)将工艺单元危险系数与物质系数相乘，求出火灾、爆炸危险指数（$F\&EI$）；

(6)用火灾、爆炸指数算出单元的影响区域半径，并计算影响面积；

(7)查出单元影响区域内的所有财产的更换价值，并确定单元危害系数，求出基本最大可能财产损失（基本 $MPPD$）；

(8)应用安全措施补偿系数乘以基本 $MPPD$，求出实际 $MPPD$；

(9)根据实际最大可能财产损失（实际 $MPPD$），确定最大可能工作日损失（$MPDO$）；

(10)用最大可能工作日损失（$MPDO$）计算停产损失（BI）。

3. DOW 法计算说明

1）选择评价工艺单元

单元是装置的一个独立部分，与其他部分保持一定的距离，或用防火墙。选择恰当工艺单元的重要参数有 6 个。物质的潜在的化学能（物质系数）；工艺单元中危险物质的数量；资金密度；操作压力与操作温度；导致火灾、爆炸事故的历史资料；对装置操作起关键作用的设备。一般参数值越大，则该工艺单元就越需要评价。

2）确定物质系数 MF

物质系数是最基础的数值，它表示物质由燃烧或其他化学反应引起的火灾、爆炸中释放能量大小的内在特性。DOW 法第 7 版给出了近 330 种常见化合物的 MF 值，可供直接查用。数值范围为 1～40，数值越大，表示危险度越高。

3）确定工艺单元危险系数

工艺单元危险系数 F_3 包括一般工艺危险系数 F_1、特殊工艺危险系数 F_2。

一般工艺危险是确定事故损害大小的主要因素，它所涉及在表 9－8 中列出的 6 项内容，包括放热化学反应、吸热反应、物料处理与输送、封闭单元或室内单元、通道、排放和泄漏控制。

一个评价单元不一定每项都包括，要根据具体情况选取恰当的系数，填入表 9－8 中，无危险系数时用 0.00，并将这些危险系数相加（基本系数为 1.00），得到单元一般工艺危险系数，并将其填入表 F_1 的栏中。例如：放热化学反应的危险系数取值范围为 0.30～1.25，若属轻微放热反应只取 0.3；中等放热反应取 0.50；剧烈放热反应应取 1.00；特别剧烈（像硝化）的反应就取到上限 1.25。

特殊工艺危险系数是影响事故发生概率的主要因素，特定的工艺条件是导致火灾、爆炸事故的主要原因。表9—8中共有12项内容,包括毒性物质、负压、接近易燃范围的操作、粉尘爆炸、压力、低温、易燃及不稳定物质量、腐蚀与磨蚀、泄漏—接头和填料处、使用明火设备、热油与热交换系统以及传动设备。

每一个评价单元不一定每项都取值,有关各项按规定求取危险系数。与 F_1 的计算方法相同,把得到的 F_2 填入相应的表栏。

根据一般工艺危险系数、特殊工艺危险系数,可计算工艺单元危险系数:

$$F_3 = F_1 \times F_2 \tag{9-3}$$

4)计算火灾、爆炸危险指数

火灾、爆炸危险指数是表示生产工艺过程、生产装置及贮罐等危险程度的指标,被用来估计生产中事故可能造成的破坏。它是物质系数和工艺单元危险系数的乘积,即:

$$F\&EI = MF \times F_3 \tag{9-4}$$

火灾、爆炸危险指数按其范围不同划分为5个等级:

(1)1~60,属于最轻危险等级,主要是处理基本上无危险的可燃物和爆炸性物质,可不采取措施。

(2)61~96,属于较轻危险等级,主要是处理低等危险程度的可燃物和爆炸性物质,可适当考虑采取措施。

(3)97~127,属于中等危险等级,应考虑采取措施,并有实施措施的方法。

(4)128~158,属于很大危险等级,应采取实际的措施并实施。

(5)159以上,属于非常大危险等级,必须采取实际措施,并予以实施。

5)确定影响区域及其财产的更换价值

(1)先确定火灾爆炸事故的影响半径 R,计算方法为:

$$R = 0.84 \times F\&EI \times 0.3048m = 0.256 \times F\&EI \tag{9-5}$$

(2)确定影响区域:影响(暴露)区域面积为 πR^2,也可以计算出影响体积。

(3)确定影响区域内财产的更换价值:

$$更换价值 = 原来成本 \times 0.82 \times 增长系数 \tag{9-6}$$

0.82是考虑事故时有些成本不会被破坏或无需更换,如道路、地下管线等。如更换价值有更精确的计算,这个系数可以改变。增长系数由工程预算专家确定。

(4)单元危害系数(DF):危害系数表示工艺单元中危险物质的能量释放造成火灾、爆炸事故的全部效应,可由 MF 值和 F_3 值来确定。

6)计算事故损失

(1)最大可能财产损失(基本 $MPPD$)为影响区域内财产的更换价值与单元危害系数的乘积。

(2)在确定了安全措施补偿系数(C)后,可计算实际最大可能财产损失,计算式为：

$$实际\ MPPD = 基本\ MPPD \times C \tag{9-7}$$

（3）安全措施补偿系数是工艺控制安全补偿系数 C_1、危险物质隔离安全补偿系数 C_2 及防火措施安全补偿系数 C_3 的乘积：$C = C_1 \times C_2 \times C_3$。

工艺控制安全补偿系数包括应急电源、冷却、抑爆、紧急切断装置、计算机控制、非活泼性气体保护、操作规程/程序、化学活泼性物质检查、其他工艺危险分析9 方面的内容。物质隔离安全补偿系数包括遥控阀、卸料/排空装置、排放系统、联锁装置 4 方面的内容。防火措施补偿系数包括泄漏检验装置、结构钢、消防水供应系统、特殊灭火系统、洒水灭火系统、水幕、泡沫灭火装置、手提式灭火器和喷水枪、电缆保护 9 方面的内容。

每一个评价单元要根据实际采取的补偿措施选取恰当的系数，填入表 9－8 中，无安全补偿系数时，填入 1.00，每一类安全措施的补偿系数是该类别中所有系数的乘积。

（4）计算最大可能工作日损失 $MPDO$

根据算出的实际 $MPPD$，查《最大可能停工天数（$MPDO$ 计算图）》得到 $MPDO$。

（5）计算停产损失 BI

$$BI = MPDO/30 \times VPM\ （月产值）\times 0.7（固定成本和利润） \tag{9-8}$$

例 3 以对茂名石化乙烯公司环氧乙烷（EO）/乙二醇（EG）装置氧化区域运用火灾爆炸危险指数法进行评价为例说明该方法的操作过程。

EO/EG 装置氧化单元（100#）简介：EO/EG 装置氧化单元的原料和半成品均为气相和液相的易燃、易爆、有毒有害物质。乙烯（99.95%）和氧气（99.95%）按一定比例在银催化剂的作用下，在 220～260℃，压力 1.65MPa 气相状态下反应生成环氧乙烷，其副反应为乙烯和氧气反应生成二氧化碳与水，副反应的放热是主反应的十倍之多，所以如副反应控制不好，将使整个反应系统出现超温超压，以至于爆炸。

1）评价单元危险物质的物质系数确定

100# 单元选取的重要物质为乙烯、环氧乙烷和甲烷三种，其主要理化性质见表 9－7。查手册得到 100# 的 3 种主要物质系数 MF 为：乙烯 $MF = 24$，环氧乙烷 $MF = 29$，甲烷 $MF = 21$。此三种物质为混合物，且环氧乙烷浓度最低，故取 $MF = 24$。

表 9－7 EO/EG 装置主要物质的理化特性

项 目	乙烯	环氧乙烷	甲 烷
分子量	28	44	16
密度/kg·L^{-1}	0.975	0.898	0.717
沸点/℃	-103.9	10.40	-161.5
闪点/℃	-136	17.8	<-188
自燃点/℃	425	571	538
燃烧热/MJ·mol^{-1}	1.41	1.26	0.889
爆炸极限,%(v)	$2.7\sim36.0$	$3\sim100$	$5.3\sim15$

2)单元工艺危险系数的求取及火灾、爆炸指数计算

按道化学公司《火灾、爆炸危险指数评价法》对评价单元求取一般工艺危险系数(F_1)和特殊工艺危险系数(F_2),并按 $F_3=F_1\times F_2$ 计算出工艺危险系数(F_3),F_3的取值范围为 $1\sim8$,若 $F_3>8$,则按 8 计。然后再按火灾、爆炸指数 $F\&EI=F_3\times MF$计算各单元的火灾、爆炸指数,详见表 9－8。

表 9－8 单元火灾爆炸危险指数($F\&EI$)计算表

评价单元:		EO/EG 装置氧化单元(100#)
确定 MF 的物质及其 MF 值:		乙烯 $MF=24$
1. 一般工艺危险	危险系数范围	采用危险系数
基本系数	1.00	1.00
A. 放热化学反应	$0.30\sim1.25$	1.00
B. 吸热反应	$0.20\sim0.40$	0
C. 物料处理与输送	$0.25\sim1.05$	0.25
D. 密闭或室内工艺单元	$0.25\sim0.90$	0
E. 通道	$0.20\sim0.35$	0.20
F. 排放和泄漏控制	$0.25\sim0.50$	0
一般工艺危险系数(F_1)		2.45
2. 特殊工艺系数	危险系数范围	采用危险系数
基本系数	1.00	1.00
A. 毒性物质	$0.20\sim0.80$	0.20

（续表）

评价单元：		EO/EG 装置氧化单元（100＃）
B. 负压＜500mmHg	0.50	0
C. 接近易燃范围的操作：惰性化、无惰性化		
a. 罐装易燃液体	0.50	
b. 过程失常或吹扫故障	0.30	
c. 一直在燃烧范围内	0.80	0.80
D. 粉尘爆炸	0.25～2.00	0
E. 压力：操作压力/kPa（绝对） 　　释放压力/kPa（绝对）		0.45
F. 低温	0.20～0.90	0
G. 易燃及不稳定物质量/kg 　物质燃烧热 H_c/(J·kg^{-1})		
a. 工艺中的液体及气体		0.10
b. 贮存中的液体及气体		
c. 贮存中的可燃固体及工艺中的粉尘		
H. 腐蚀与磨损	0.10～0.75	0.20
I. 泄漏——接头和填料处		0.30
J. 使用明火设备		0
K. 热油、热交换系统	0.15～1.15	0
L. 传动设备	0.50	0.50
特殊工艺危险系数（F_2）		3.55
3. 工艺单元危险系数（$F_3＝F_1×F_2$）		8.7
4. 火灾、爆炸指数（$F\&EI＝MF×F_3$）		209

　　根据表 9—8 计算出的（$F\&EI$）值，危险等级划分结果见表 9—9。

表 9—9　$F\&EI$ 值及危险等级

评价单元	$F\&EI$	危险等级
100＃单元	209	非常大

3）单元安全措施补偿系数计算

该项目在设计时已根据有关标准和规范以及现有生产经验,采取了相应的安全措施,使得这些措施可以在一定程度上预防重大事故的发生,降低事故发生频率,减少事故损失。因此,采用以下安全措施对单元给予一定的补偿,进一步进行补偿评价。

安全措施分为以下三类,它们的补偿系数分别用 C_1、C_2、C_3 表示: C_1—工艺控制补偿系数, C_2—物质隔离补偿系数, C_3—防火设施补偿系数。

根据道化学公司《火灾、爆炸危险指数评价法》,对单元采取的安全措施取补偿系数 C_1、C_2、C_3,并按式 $C = C_1 \times C_2 \times C_3$ 求出单元的补偿系数,见表 9-10。

表 9-10　单元安全措施补偿系数

评价单元:EO/EG 装置氧化单元(100#)

项　目	补偿系数范围	采用补偿系数
1. 工艺控制安全补偿系数(C_1)		
a. 应急电源	0.98	0.98
b. 冷却装置	0.97～0.98	0.98
c. 抑爆装置	0.84～0.98	0.98
d. 紧急切断装置	0.96～0.99	0.96
e. 计算机控制	0.93～0.99	0.93
f. 惰性气体保护	0.94～0.96	0.94
g. 操作规程/程序	0.91～0.99	0.92
h. 化学活泼性物质检查	0.91～0.98	1
i. 其他工艺危险分析	0.91～0.98	0.96
C_1		0.698
2. 物质隔离安全补偿系数(C_2)		
a. 遥控阀	0.96～0.98	0.96
b. 卸料/排空装置	0.96～0.98	0.97
c. 排放系统	0.91～0.97	1
d. 连锁装置	0.98	0.98
C_2		0.913
3. 防火设施安全补偿系数(C_3)		
a. 泄漏检验装置	0.94～0.98	0.96
b. 钢结构	0.95～098	0.96

评价单元：EO/EG 装置氧化单元（100＃）

项　目	补偿系数范围	采用补偿系数
c. 消防水供应系统	0.94～0.97	0.94
d. 特殊灭火系统	0.91	0.91
e. 洒水灭火系统	0.74～0.97	0.91
f. 水幕	0.97～0.98	1
g. 泡沫灭火装置	0.92～0.97	0.94
h. 手提式灭火器和喷水枪	0.93～0.98	0.93
i. 电缆防护	0.94～0.98	0.96
C_3		0.60
安全措施补偿系数 $C = C_1 \times C_2 \times C_3$		0.382

4）评价单元危险分析

（1）单元火灾、爆炸危险指数（$F\&EI$）

EO/EG 装置氧化单元（100＃）（$F\&EI$）＝209，危险等级"非常大"。

（2）火灾、爆炸时影响区域半径（暴露半径）

根据公式 9－5，可计算 EO/EG 装置氧化单元（100＃）的暴露半径为：

$$R = 0.84 \times F\&EI \times 0.3048\text{m} = 0.256 \times F\&EI = 53.5\text{m}$$

（3）火灾、爆炸时影响区域及影响体积

影响区域面积 $S = \pi R^2$（R 为影响半径）

影响区域表示区域内的设备会暴露在本单元发生的火灾、爆炸环境中。

100＃ 单元：$S = \pi R^2 = 3.1416 \times (53.5)^2 = 8992\text{m}^2$

火灾、爆炸时影响体积为一个围绕工艺单元的圆柱形体积，其底面积为暴露区域面积 S，高度相当于暴露半径 R（有时也可以用球体体积表示）。影响区域如图 9－8 所示。

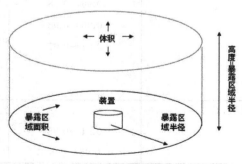

图 9－8　影响区域

（4）火灾、爆炸时影响区域内财产的更换价值

100$^{\#}$单元总投资约 0.8 亿元人民币，扣除灾害中不受损失部分，则基本财产损失为 5500 万元。

（5）单元危害系数的确定

$F_3 = 8.7$，$MF = 24$，查《单元危害系数计算图》得 100$^{\#}$单元危害系数 $Y = 0.822$。

（6）100$^{\#}$单元基本最大可能财产损失（基本 $MPPD$）

基本 $MPPD = 5500 \times 0.822 = 4521$（万元）

（7）100$^{\#}$单元实际最大可能财产损失（实际 $MPPD$）

实际 $MPPD =$ 基本 $MPPD \times C = 4521 \times 0.382 = 1727$（万元）

（8）100$^{\#}$单元最大可能工作日损失 $MPDO$ 的计算

由 DOW 法《最大可能停工天数（$MPDO$）计算图》，可查得 $MPDO = 35$ 天。

（9）100$^{\#}$单元最大可能停产损失（BI）的计算

100$^{\#}$氧化反应器产环氧乙烷折算为乙二醇后，日产 300 吨，根据市场行情，每吨乙二醇价值 0.6 万元，EO/EG 装置最大可能停产损失值 BI：

$BI = MPDO \times 0.7 \times 300 \times 0.6 = 4410$（万元）

（10）100$^{\#}$单元补偿后火灾、爆炸危险指数（$F\&EI$）$'$计算及其补偿后危险等级

实际$(F\&EI)' = C \times F\&EI = 0.382 \times 209 = 79.84$，危险等级为"较轻"。

5）火灾、爆炸危险指数评价分析计算结果汇总

分析结果汇总见表 9－11。

表 9－11　分析结果汇总表

内容 结果 单元	EO/EG 装置氧化单元（100$^{\#}$）
火灾、爆炸危险指数（$F\&EI$）	209
危险等级	非常大
暴露区域半径（m）	53.5
暴露区域面积（m^2）	8992
暴露区域内财产价值（万元）	5500
危害系数	0.822
基本 $MPPD$（万元）	4521
安全措施补偿系数 C	0.382

（续表）

内容 结果 单元	EO/EG 装置氧化单元（100#）
实际 *MPPD*（万元）	1727
补偿后火灾、爆炸危险指数（*F&EI*）′	79.84
补偿后危险等级	较轻

三、综合安全评价法

1. 层次分析法

层次分析法（The analytic hierarchy process，简称 AHP），是将决策有关的元素分解成目标、准则、方案等层次，在此基础之上进行定性和定量分析的决策方法。层次分析法在经济、科技、文化、军事、环境乃至社会发展等方面的管理决策中都有广泛的应用。常用来解决诸如综合评价、选择决策方案、估计和预测、投入量的分配等问题。

层次分析法在 20 世纪 70 年代中期由美国运筹学家托马斯·塞蒂（T.L.Saty）正式提出，在为美国国防部研究"根据各个工业部门对国家福利的贡献大小而进行电力分配"课题时，应用网络系统理论和多目标综合评价方法，提出的一种层次权重决策分析方法。这种方法的特点是在对复杂的决策问题的本质、影响因素及其内在关系等进行深入分析的基础上，利用较少的定量信息使决策的思维过程数学化，从而为多目标、多准则或无结构特性的复杂决策问题提供简便的决策方法。

层次分析法尤其适合于对决策结果难于直接准确计量的场合。在这样的系统中，人们感兴趣的问题之一是：就 n 个不同事物所共有的某一性质而言，应该怎样对任一事物的所给性质表现出来的程度（排序权重）赋值，使得这些数值能客观地反映不同事物之间在该性质上的差异？

层次分析法为这类问题的决策和排序提供了一种新的、简洁而实用的建模方法。它把复杂问题分解成组成因素，并按支配关系形成层次结构，然后用两两比较的方法确定决策方案的相对重要性。

1）层次分析法的基本步骤

（1）建立层次结构模型。在深入分析实际问题的基础上，将有关的各个因素按照不同属性自上而下地分解成若干层次，同一层的诸因素从属于上一层的因素或对上层因素有影响,同时又支配下一层的因素或受到下层因素的作用。最上层为目标层,通常只有 1 个因素,最下层通常为方案或对象层,中间可以有一个或几个层次,通常为准则或指标层。当准则过多时(譬如多于 9 个),应进一步分解出子准则层。

将问题包含的因素分层:最高层(解决问题的目的);中间层(实现总目标而采取的各种措施、必须考虑的准则等,也可称策略层、约束层、准则层等);最低层(用于解决问题的各种措施、方案等)。把各种所要考虑的因素放在适当的层次内。用层次结构图清晰地表达这些因素的关系。

(2)构造成比较判断阵。从层次结构模型的第 2 层开始,对于从属于(或影响)上一层每个因素的同一层诸因素,用成对比较法和 1~9 比较尺度构成比较判断矩阵,直到最下层。

(3)计算权向量并做一致性检验。对于每一个比较判断矩阵计算最大特征根及对应特征向量,利用一致性指标、随机一致性指标和一致性比率做一致性检验。若检验通过,特征向量(归一化后)即为权向量;若不通过,需重新构成比较判断矩阵。

(4)计算组合权向量并做组合一致性检验。计算最下层目标的组合权向量,并根据公式做组合一致性检验,若检验通过,则可按照组合权向量表示的结果进行决策,否则需要重新考虑模型或重新构造那些一致性比率较大的比较判断矩阵。

2)建立递阶层次结构

首先,将复杂问题分解为称之为元素的各组成部分,把这些元素按属性不同分成若干组,以形成不同层次。同一层次的元素作为准则,对下一层次的某些元素起支配作用,同时它又受上一层次元素的支配。这种从上至下的支配关系形成了一个递阶层次。层次之间元素的支配关系不一定是完全的,即可以存在这样的元素,它并不支配下一层次的所有元素。

其次,层次数与问题的复杂程度和所需要分析的详尽程度有关。每一层次中的元素一般不超过 9 个,因一层中包含数目过多的元素会给两两比较判断带来困难。

第三,一个好的层次结构对于解决问题是极为重要的。层次结构建立在决策者对所面临的问题具有全面深入的认识基础上,如果在层次的划分和确定层次之间的支配关系上举棋不定,最好重新分析问题,弄清问题各部分相互之间的关系,以确保建立一个合理的层次结构。

一个递阶层次结构应具有以下特点:

(1)从上到下顺序地存在支配关系,并用直线段表示。除第一层外,每个元素至少受上一层一个元素支配,除最后一层外,每个元素至少支配下一层次一个元素。上下层元素的联系比同一层次中元素的联系要强得多,故认为同一层次及不相邻元素之间不存在支配关系。

(2)整个结构中层次数不受限制。

(3)最高层只有一个元素,每个元素所支配的元素一般不超过 9 个,元素多时可进一步分组。

(4)对某些具有子层次的结构可引入虚元素,使之成为递阶层次结构。

3)构造两两比较判断矩阵

在建立递阶层次结构以后,上下层次之间元素的隶属关系就被确定了。假定上一层次的元素 C_k 作为准则,对下一层次的元素 A_1,…,A_n 有支配关系,目的是在准则 C_k 之下按它们相对重要性赋予 A_1,…,A_n 相应的权重。

对于大多数社会经济问题,特别是对于人的判断起重要作用的问题,直接得到这些元素的权重并不容易,往往需要通过适当的方法来导出它们的权重。

层次分析法所用的是两两比较的方法。

第一,在两两比较的过程中,决策者要反复回答问题:针对准则 C_k,两个元素 A_i 和 A_j 哪一个更重要一些,重要多少。需要对重要多少赋予一定的数值。这里使用 1~9 的比例标度,它们的意义见表 9—12。

表 9—12　标度的意义

标　度	意　　义
1	表示两个元素相比,具有同样的重要性
2	为上述相邻判断的中值
3	表示两个元素相比,一个元素比另一个元素稍微重要
4	为上述相邻判断的中值
5	表示两个元素相比,一个元素比另一个元素明显重要
6	为上述相邻判断的中值
7	表示两个元素相比,一个元素比另一个元素强烈重要
8	为上述相邻判断的中值
9	表示两个元素相比,一个元素比另一个元素极端重要

1~9 的标度方法是将思维判断数量化的一种好方法。首先,在区分事物的差别时,人们总是用相同、较强、强、很强、极端强的语言。再进一步细分,可以在相邻的两级中插入折中的提法,因此对于大多数决策判断来说,1~9 级的标度是适用的。其次,心理学的实验表明,大多数人对不同事物在相同程度属性上差别的分辨

能力在 5~9 级之间,采用 1~9 的标度反映多数人的判断能力。再次,当被比较的元素其属性处于不同的数量级时,一般需要将较高数量级的元素进一步分解,这可保证被比较元素在所考虑的属性上有同一个数量级或比较接近,从而适用于 1~9 的标度。

第二,对于 n 个元素 A_1,…, A_n 来说,通过两两比较,得到两两比较判断矩阵 A:

$$A = (a_{ij})_{n \times n} \qquad\qquad (9-9)$$

其中判断矩阵具有如下性质:

(1) $a_{ij} > 0$;

(2) $a_{ij} = 1/a_{ji}$;

(3) $\sum_{j=1}^{n} a_{ij} = 1$。

A 称为正的互反矩阵。

根据性质(2)和(3),对于 n 阶判断矩阵,仅需对其上(下)三角元素共 $n(n-1)/2$ 个给出判断即可。

(4)计算单一准则下元素的相对权重

这一步是要解决在准则 C_k 下,n 个元素 A_1,…, A_n 排序权重的计算问题。

对于 n 个元素 A_1,…, A_n,通过两两比较得到判断矩阵 A,解特征根问题 $Aw = \lambda_{\max} w$。所得到的 w 经归一化后作为元素 A_1,…, A_n 在准则 C_k 下的排序权重,这种方法称为计算排序向量的特征根法。

特征根法的理论依据是如下的正矩阵的 Perron 定理,它保证了所得到的排序向量的正值性和唯一性:

判断矩阵的一致性检验:在特殊情况下,判断矩阵 A 的元素具有传递性,即满足等式 $a_{ij} \cdot a_{jk} = a_{ik}$。

例如当 A_i 和 A_j 相比的重要性比例标度为 3,而 A_j 和 A_k 相比的重要性比例标度为 2,一个传递性的判断应有 A_i 和 A_k 相比的重要性比例标度为 6。当上式对矩阵 A 的所有元素均成立时,判断矩阵 A 称为一致性矩阵。

一般地,并不要求判断具有这种传递性和一致性,这是由客观事物的复杂性与人的认识的多样性所决定的。但在构造两两判断矩阵时,要求判断大体上的一致是应该的。出现甲比乙极端重要,乙比丙极端重要,而丙又比甲极端重要的判断,一般是违反常识的。一个混乱的经不起推敲的判断矩阵有可能导致决策的失误,而且当判断矩阵过于偏离一致性时,用上述各种方法计算的排序权重作为决策依据,其可靠程度也值得怀疑。因而必须对判断矩阵的一致性进行检验。

判断矩阵一致性检验的步骤如下:

（1）计算一致性指标 $C.I.$。

$$C.I. = \frac{\lambda_{max} - n}{n-1} \tag{9-10}$$

式中，n 为判断矩阵的阶数。

（2）查找平均随机一致性指标 $R.I.$。平均随机一致性指标是多次（500 次以上）重复进行随机判断矩阵特征根计算之后取算术平均数得到的。龚木森、许树柏 1986 年得出的 $1\sim15$ 阶判断矩阵重复计算 1000 次的平均随机一致性指标如表 9—13 所示。

表 9—13　平均随机一致性指标

阶数	1	2	3	4	5	6	7	8
$R.I.$	0	0	0.52	0.89	1.12	1.26	1.36	1.41
阶数	9	10	11	12	13	14	15	
$R.I.$	1.46	1.49	1.52	1.54	1.56	1.58	1.59	

（3）计算一致性比例 $C.R.$。

$$C.R. = \frac{C.I.}{R.I.} \tag{9-11}$$

当 $C.R. < 0.1$ 时，一般认为判断矩阵的一致性是可以接受的，否则应对判断矩阵作适当的修正。

4）计算各层元素的组合权重

为了得到递阶层次结构中每一层次中所有元素相对于总目标的相对权重，需要把（3）中的计算结果进行适当的组合，并进行总的一致性检验。这一步是由上而下逐层进行的。最终计算结果得出最低层次元素，即决策方案的优先顺序的相对权重和整个递阶层次模型的判断一致性检验。

假定递阶层次结构共有 m 层，第 k 层有 $n_k(k = 1, 2, \cdots, m)$ 个元素，已经计算出第 $k-1$ 层 n_{k-1} 个元素 A_1，A_2，$\cdots$，相对于总目标的组合排序权重向量 $w_{(k-1)} = (w_{1(k-1)}, w_{2(k-1)}, \cdots, w_{nk-1(k-1)})^T$，以及第 k 层 n_k 个元素 B_1，B_2，$\cdots$，相对于第 $k-1$ 层每个元素 $A_j(j = 1, 2, \cdots, n_{k-1})$ 的单排序权重向量

$$p_{i(k)} = (p_{1j(k-1)}, p_{2j(k-1)}, \cdots, p_{nkj(k-1)})^T, i = 1, 2, \cdots, n_k$$

其中不受 A_j 支配的元素权重取为 0。

作 $n_k \times n_{k-1}$ 阶矩阵

$$P_{(k)} = p_{1(k)}, p_{2(k)}, \cdots, p_{nk-1(k)}$$

那么第 k 层 n_k 个元素 B_1，B_2，$\cdots$，相对于总目标的组合排序权重向量为

$$w_{(k)}=(w_{1(k)},w_{2(k)},\cdots,w_{nk(k)})^{\mathrm{T}}=P_{(k)}w_{(k-1)}$$

并且一般公式为 $w_{(k)}=P_{(k)}P_{(k-1)}\cdots P_{(k)}w_{(k-1)}$。

对于递阶层次模型的判断一致性检验，需要类似地逐层计算。

若分别得到了第 $k-1$ 层次的计算结果 $C.I._{k-1}$、$R.I._{k-1}$ 和 $C.R._{k-1}$，则第 k 层次的相应指标为

$$C.I._k=(C.I._k^1,\cdots,C.I._k^{n_{k-1}})w^{(k-1)} \tag{9-12}$$

$$R.I._K=(R.I._K^1,\cdots,R.I._k^{n_{k-1}})w^{(k-1)} \tag{9-13}$$

$$C.R._k=C.R._{k-1}+\frac{C.I._k}{R.I._k} \tag{9-14}$$

这里 $C.I._k^j$ 和 $R.I._k^j$ 分别是第 k 层 n_k B_1，B_2，$\cdots$个元素，在第 $k-1$ 层每个准则 $A_j(j=1,2,\cdots,n_{k-1})$ 下判断矩阵的一致性指标和平均随机一致性指标。当 $C.R._k<0.1$ 时，认为缔结层次矩阵在第 k 层水平上整个判断有满意的一致性。

2. 模糊综合评价法

系统安全状况是一个极其复杂的多因素、多变量、多层次的人机系统。在这个系统中，除了客观事物的差异在中间过渡阶段所呈现的"亦此亦彼"性外，还有人们思维和行动中的模糊性。可以说，系统安全状况中的各种问题，从信息决策到目标控制，都有不可忽视的模糊性。用模糊数学理论建立的系统安全评价模型，综合系统中的多个相互影响的因素进行评价，对安全管理工作具有指导意义。

1）模糊综合评价的数学模型

现以二级模糊评价为例加以说明。

（1）确定因素层次。设因素集为：

$$U=\{u_1,u_2,\cdots,u_m\}$$

$u_i(i=1,2,\cdots,m)$ 为第一层次（也即最高层次）中的第 i 个因素，它又由第二层次中的 n 个因素决定，即

$$u_i=\{u_{i1},u_{i2},\cdots,u_{in}\}(j=1,2,\cdots,n)$$

（2）建立权重集。根据每一层次中各个因素的重要程度，分别给每一因素赋以相应的权数，于是得各个因素层次的权重集如下：

第一层次的权重集：

$$A=(a_1,a_2,\cdots,a_i,\cdots,a_m)$$

$a_i(i=1,2,\cdots,m)$ 是第一层次中第 i 个因素 u_i 的权重。

第二层次的权重集：

$$A_i=(a_{i1},a_{i2},\cdots,a_{ij},\cdots,a_{in})(j=1,2,\cdots,n)$$

a_{ij} 是第二层次中决定因素 u_{ij} 的权重。

（3）建立备择集。不论因素层次有多少，备择集只有一个。设总评判的结果共

有 p 个,则备择集可一般地建立为:

$$V = \{v_1, v_2, \cdots, v_p\}$$

(4)一级模糊综合评判。由于每一因素都是由低一层次的若干因素决定的,所以每一因素的单因素评判,应是低一层次的多因素综合评判,则第二层次的单因素评判矩阵为:

$$R_i = \begin{bmatrix} r_{i11} & r_{i12} & \cdots & r_{i1p} \\ r_{i21} & r_{i22} & \cdots & r_{i2p} \\ \vdots & & & \vdots \\ r_{in1} & r_{in2} & \cdots & r_{inp} \end{bmatrix}$$

决定 u_i 的 u_{ij} 的因素有多少个,R_i 矩阵便有多少行;备择集元素有多少个,R_i 矩阵便有多少列。

于是,第二层次模糊综合评判集为:

$$B_i = A_i \cdot R_i \tag{9-15}$$

即 $B_i = (a_{i1}, a_{i2}, \cdots, a_{in}) \cdot \begin{bmatrix} r_{i11} & r_{i12} & \cdots & r_{i1p} \\ r_{i21} & r_{i22} & \cdots & r_{i2p} \\ \vdots & & & \vdots \\ r_{in1} & r_{in2} & \cdots & r_{inp} \end{bmatrix} = (b_{i1}, b_{i2}, \cdots, b_{ip})$

(5)二级模糊综合评判。一级模糊综合评判仅是对最低一层因素进行综合,实际上仅是上一层次的单因素评判。为了综合考虑所有因素的影响,还必须进行二级模糊综合评判,即对上一层次中各因素的影响进行综合。即第一层次的单因素评判矩阵为:

$$\boldsymbol{R} = \begin{bmatrix} B_1 \\ B_2 \\ \vdots \\ B_m \end{bmatrix} = \begin{bmatrix} A_1 \cdot R_1 \\ A_2 \cdot R_2 \\ \vdots \\ A_m \cdot R_m \end{bmatrix}$$

于是,二级模糊综合评判集为:

$$\boldsymbol{B} = \boldsymbol{A} \cdot \boldsymbol{R} = \boldsymbol{A} \cdot \begin{bmatrix} A_1 \cdot R_1 \\ A_2 \cdot R_2 \\ \vdots \\ A_m \cdot R_m \end{bmatrix} = (b_1, b_2, \cdots, b_p)$$

(6)求系统安全评价的总得分 f。f 的计算式为:

$$f = B \cdot S^T \tag{9-16}$$

式中　S^T——各级别的分值。

(7)求综合评价系统的安全等级。综合评价系统的安全等级如表 9-14 所示。

表 9-14　综合评价系统的安全等级

系统安全得分	＞90	80～89	70～79	60～69	50～59	＜50
安全等级	很好	好	良好	中等	较差	差

2）模糊综合评价的应用实例

例 4　利用模糊综合评价法和层次分析法对某电解铝厂的安全状况进行评价。

（1）电解铝生产安全评价指标体系的建立。

根据指标体系的建立原则,结合电解铝生产的几个主要组成部分,确定电解铝生产的安全评价包括工作准备、电解作业、焙烧启动、处理漏槽、天车作业、抬母线作业等 6 个方面,并将其作为评价体系的准则层。在准则层下又细化成 17 个不同的评价指标构成指标层,形成一个完整的电解铝生产安全评价指标体系,见表9-15。

表 9-15　电解铝生产安全评价指标体系

	二级指标	三级指标
电解铝生产安全综合评价指标	工作准备	劳保用品
		物料、工器具的预热
	电解作业	换极
		效应管理
		极块运输
		取电解质
		电解槽绝缘
		大修槽装炉
	焙烧、启动	软连接
		抬电压
	处理漏槽	阴极母线保护插板
		降阳极
	天车作业	吊具钢丝绳
		安全装置
		吊装作业组织
	抬母线作业	母线提升机管理
		母线提升作业组织

（2）权重集的确立。对各级指标的权重集进行一致性检验。首先建立比例标度，依据两两比较的标度和判断原理，运用模糊数学理论，可得 $1\sim9$ 的比例标度。按两两比较的结果构成的矩阵称作判断矩阵，为 $A=[a_{ij}]_{n\times n}$。综合专家评判结果，电解铝 6 个二级指标的判断矩阵为：

$$a=\begin{bmatrix} 1 & 1/4 & 1/2 & 1/2 & 1/3 & 1/2 \\ 4 & 1 & 3 & 3 & 2 & 3 \\ 2 & 1/3 & 1 & 1 & 1/2 & 1 \\ 2 & 1/3 & 1 & 1 & 1/2 & 1 \\ 3 & 1/2 & 2 & 2 & 1 & 2 \\ 2 & 1/3 & 1 & 1 & 1/2 & 1 \end{bmatrix}$$

用特征向量法计算权重，本次评价采用方根法进行计算：电解铝 6 个二级指标的权重为：$V_1=\sqrt[6]{1\times0.25\times0.5\times0.5\times0.33\times0.5}=0.47$，$V_2=2.45$，$V_3=0.83$，$V_4=0.83$，$V_5=1.51$，$V_6=0.83$。归一化后，二级指标的权重向量计为：

$$V^T=(0.07,0.35,0.12,0.12,0.22,0.12)$$

计算判断矩阵的最大特征根 λ_{max}，最后进行判断矩阵的一致性检验。随机一致性指标 RI 如表 $9-16$ 所示。

表 $9-16$　随机一致性指标 RI

矩阵阶数	1	2	3	4	5	6	7	8	9	10	11	12
RI	0	0	0.51	0.89	1.12	1.25	1.35	1.42	1.46	1.49	1.52	1.54

（3）电解铝生产模糊安全综合评价的计算。

建立因素集 U，令 $U=\{u_1,u_2,\cdots,u_m\}=\{$工作准备、电解作业、焙烧启动、处理漏槽、天车作业、抬母线作业$\}$，其中每个因素又可进一步细分成基础性要素，即 $u_1=(u_{11},u_{12},\cdots,u_{1n})=$（劳保用品，物料，工器具的预热），$u_2=(u_{21},u_{22},\cdots,u_{2n})=$（换极，效应管理，极块运输，取电解质，大修槽装炉，电解槽绝缘），$\cdots$，$u_m=(u_{m1},u_{m2},\cdots,u_{mn})$，这里 m 为评价因素的个数，n 为每个评价因素的分类指标数。然后建立 U 的诸因素权重集。各层次评价指标的权重分配及其模糊关系综合矩阵见表 $9-17$。

表 9－17　各层次评价指标的权重分配及其模糊关系综合矩阵

评价因素		评价子因素		第 3 层次的模糊关系综合矩阵 $\underset{\sim}{R_i}$	$\underset{\sim}{B_i} = \underset{\sim}{A_i} \cdot \underset{\sim}{R_i}$
内容	权重	内容	权重		
工作准备	0.07	劳保用品	$\underset{\sim}{A_1} = \begin{bmatrix} 0.60 \\ 0.40 \end{bmatrix}^T$	$\underset{\sim}{R_1} = \begin{bmatrix} 0.1 & 0.3 & 0.3 & 0.3 & 0.0 \\ 0.0 & 0.1 & 0.3 & 0.4 & 0.2 \end{bmatrix}$	$\underset{\sim}{B_1} = \begin{bmatrix} 0.06 \\ 0.22 \\ 0.30 \\ 0.34 \\ 0.08 \end{bmatrix}$
		物料、工器具的预热			
电解作业	0.35	换极	$\underset{\sim}{A_2} = \begin{bmatrix} 0.20 \\ 0.20 \\ 0.10 \\ 0.15 \\ 0.20 \\ 0.15 \end{bmatrix}$	$\underset{\sim}{R_2} = \begin{bmatrix} 0.2 & 0.3 & 0.3 & 0.2 & 0.0 \\ 0.1 & 0.2 & 0.3 & 0.2 & 0.2 \\ 0.0 & 0.2 & 0.4 & 0.3 & 0.1 \\ 0.1 & 0.2 & 0.2 & 0.3 & 0.2 \\ 0.2 & 0.1 & 0.3 & 0.3 & 0.1 \\ 0.1 & 0.1 & 0.2 & 0.3 & 0.3 \end{bmatrix}$	$\underset{\sim}{R_2} = \begin{bmatrix} 0.13 \\ 0.19 \\ 0.28 \\ 0.26 \\ 0.14 \end{bmatrix}$
		效应管理			
		极块运输			
		取电解质			
		电解槽绝缘			
		大修槽装炉			
焙烧、启动	0.12	软连接	$\underset{\sim}{A_3} = \begin{bmatrix} 0.50 \\ 0.50 \end{bmatrix}$	$\underset{\sim}{R_3} = \begin{bmatrix} 0.0 & 0.2 & 0.3 & 0.4 & 0.1 \\ 0.0 & 0.1 & 0.3 & 0.4 & 0.2 \end{bmatrix}$	$\underset{\sim}{B_3} = \begin{bmatrix} 0.00 \\ 0.15 \\ 0.30 \\ 0.40 \\ 0.15 \end{bmatrix}$
		抬电压			
处理漏槽	0.12	阴极母线保护插板	$\underset{\sim}{A_4} = \begin{bmatrix} 0.50 \\ 0.50 \end{bmatrix}$	$\underset{\sim}{R_4} = \begin{bmatrix} 0.0 & 0.2 & 0.3 & 0.4 & 0.1 \\ 0.0 & 0.1 & 0.3 & 0.5 & 0.1 \end{bmatrix}$	$\underset{\sim}{B_4} = \begin{bmatrix} 0.00 \\ 0.15 \\ 0.30 \\ 0.45 \\ 0.10 \end{bmatrix}$
		降阳极			
天车作业	0.22	安全装置	$\underset{\sim}{A_5} = \begin{bmatrix} 0.35 \\ 0.20 \\ 0.45 \end{bmatrix}$	$\underset{\sim}{R_5} = \begin{bmatrix} 0.1 & 0.1 & 0.3 & 0.3 & 0.2 \\ 0.2 & 0.2 & 0.3 & 0.2 & 0.1 \\ 0.1 & 0.3 & 0.4 & 0.1 & 0.1 \end{bmatrix}$	$\underset{\sim}{B_5} = \begin{bmatrix} 0.12 \\ 0.21 \\ 0.34 \\ 0.19 \\ 0.14 \end{bmatrix}$
		吊装作业组织			
抬母线作业	0.12	母线提升机管理	$\underset{\sim}{A_6} = \begin{bmatrix} 0.40 \\ 0.60 \end{bmatrix}$	$\underset{\sim}{R_6} = \begin{bmatrix} 0.1 & 0.2 & 0.3 & 0.4 & 0.0 \\ 0.0 & 0.2 & 0.4 & 0.3 & 0.1 \end{bmatrix}$	$\underset{\sim}{B_6} = \begin{bmatrix} 0.04 \\ 0.20 \\ 0.36 \\ 0.34 \\ 0.06 \end{bmatrix}$
		母线提升作业组织			

电解铝生产安全的模糊综合评价矩阵为：

$$B_i = A_i \cdot R_i$$

$$= \begin{bmatrix} 0.07 & 0.35 & 0.12 & 0.12 & 0.22 & 0.12 \end{bmatrix} \cdot \begin{bmatrix} 0.06 & 0.22 & 0.30 & 0.34 & 0.08 \\ 0.13 & 0.19 & 0.28 & 0.26 & 0.14 \\ 0.00 & 0.15 & 0.30 & 0.40 & 0.15 \\ 0.00 & 0.15 & 0.30 & 0.45 & 0.10 \\ 0.12 & 0.21 & 0.6 & 0.19 & 0.14 \\ 0.04 & 0.20 & 0.36 & 0.34 & 0.06 \end{bmatrix}$$

$$= \begin{bmatrix} 0.081 & 0.188 & 0.309 & 0.299 & 0.123 \end{bmatrix}$$

查表 8－13 可计算电解铝生产安全总得分 f：

$$f = e_1 b_1 + e_2 b_2 + e_3 b_3 + e_4 b_4 + e_5 b_5$$

$$= 35 \times 0.081 + 50 \times 0.188 + 65 \times 0.309 + 80 \times 0.299 + 95 \times 0.123 R\ R_j$$

$$= 67.965$$

表 9－18　安全级别赋分表

安全级别	差	较差	中	较好	好
分数	35	50	65	80	95

　　根据系统的总分,由表 9－18 可知该厂电解铝生产安全综合评价等级为"安全性一般"。该结果与实际情况相符。

复习思考题

1. 什么是系统安全评价?

2. 安全评价有哪些类型?

3. 简要说明安全评价的程序。

4. 安全评价的方法有哪些?

5. 运用作业条件的安全评价方法对金工实习某车间进行安全评价。

6. 说明道化学公司火灾爆炸指数评价法的步骤。

7. 一般综合评价方法有哪些?

8. 说明层次分析评价法的步骤。

9. 通过查阅资料,试举一个安全评价的实例。

10. 某企业石油储罐区位于该企业东南角,为半地下建筑形式,占地面积 400m^2,周围 700m² 内无居民居住。储罐区内有储油罐 12 个,其中罐装原油 30 吨的 4 个,装汽油 20 吨的 4 个,装柴油 10 吨的 2 个,装煤油 10 吨的 2 个。对该石油化工企业储罐区,应用道化学火灾爆炸指数评价法评价其火灾爆炸的危险性并计算其实际最大可能财产损失。(经查表计算得:$F_1=2.70$;$F_2=2.45$;汽油 $MF=16$,原油 $MF=16$,柴油 $MF=10$;安全措施修正系数为 0.45;危害系数为 0.5;经财务核算和估算,影响区域内设备财产的价值约 450 万元,增长系数为 1)

第十章　安全预测

第一节　安全预测概述

一、安全预测的定义

一切事物都是不断发展、变化的。在工作中,不仅要了解事物的过去、现在,而且更要认知事物的过去、现在和将来之间的联系、发展和变化,这样才能对事物未来可能出现的事件和问题作出科学的估量和表述,这就是预测。预测是人们对客观事物发展变化的一种认识和估计,是以反映客观实际的大量资料为依据,并且是在事物的有机联系中运用恰当的预测方法来进行具体测算的,因而是科学的。也就是说,预测就是由过去和现在去推测未来,由已知去推测未知。

安全预测是在分析、研究系统过去和现在安全资料的基础上,利用各种知识和科学方法,对系统未来的安全状况进行预测,预测系统的危险种类及危险程度,以便对事故进行预报和预防。通过安全预测可以掌握一个单位安全生产的发展趋势,为制定安全目标、安全管理措施和技术措施提供科学依据。因此,安全预测是现代安全管理的一项重要内容。

安全预测由四部分组成,即预测信息、预测分析、预测技术和预测结果。

(1)预测信息,即在调查研究的基础上所掌握的反映过去、揭示未来的有关情报、数据和资料。信息是预测的基础。

(2)预测分析,就是将各方面的信息资料,经过比较核对、筛选和综合,进行科学的分析和计算。

(3)预测技术,就是预测分析所用的科学方法和手段。

(4)预测结果,就是在预测分析的基础上所获得的事物发展的趋势、程度、特点以及各种可能性结论。

二、安全预测的分类

1. 按预测对象的范围分

(1)宏观预测。是指对整个行业、一个地区、一个企业的安全状况的预测。

(2)微观预测。是指对一个生产单位的生产系统或其子系统的安全状况的预测。

2. 按时间长短分

(1)长期预测。是指对五年以上的安全状况的预测。它为安全管理方面的重大决策提供科学依据。

(2)中期预测。是指对一年以上五年以下的安全生产状态的预测。它是制定五年计划和任务的依据。

(3)短期预测。是指对一年以内的安全状态的预测。它是制定年度计划、季度计划以及规定短期发展任务的依据。

3. 按所应用的原理分

(1)白色理论预测。用于预测的问题与所受影响因素已十分清楚的情况。

(2)灰色理论预测。也称为灰色系统预测,灰色系统既包含有已知信息又含有未知信息的系统。安全生产活动本身就是个灰色系统。

(3)黑色理论预测。也称为黑箱系统或黑色系统预测。这种系统中所含的信息多为非确定的。

常用的安全预测方法有德尔菲预测法、回归分析法预测、马尔柯夫链预测法、灰色系统预测法。

三、安全预测的步骤

预测是对客观事物发展前景的一种探索性研究工作,它有一套科学的程序。预测对象不同,预测程序也不一样。一般说来,预测可分为 4 个阶段 10 个步骤,如图 10—1 所示。

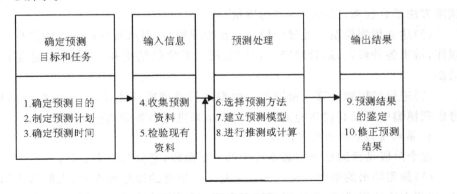

图 10—1　预测程序图

1. 第一阶段：确定预测目标和任务

预测总是为一定的目标和任务服务,管理的目标和任务决定决策的目标和任务。目标清楚,任务明确,才能进行有效的预测。第一阶段有三个步骤：

(1)确定预测目的。只有首先明确要解决什么问题,才能确定收集什么资料,采取什么预测方法,应取得何种预测结果以及预测的重点在哪里等。

(2)制定预测计划。预测计划是预测目的的具体化,主要是规划预测的具体工作,包括选择和安排预测人员、预测期限、预测经费、预测方法、情报获取的途径等。

(3)确定预测时间。不仅要明确预测的初始时间,更重要的是根据预测的目的和预测对象的不同特点,明确预测本身是短期预测、中期预测还是长期预测。

2. 第二阶段：输入信息阶段

根据确定的预测目标和任务,收集必要的预测信息,是进行预测的前提。预测结果的准确性取决于输入信息的可靠程度和预测方法的正确性。如果输入信息不可靠或者没有依据,预测的结果必然是错误的。这一阶段可分为两个步骤：

(1)收集预测资料。预测的资料包括系统的内部资料和外部资料,如现场调查的资料、国外的情报资料等。

(2)检验现有资料。对收集的资料要进行周密的分析检查,要检查资料的可靠性,去粗取精,去伪存真。

3. 第三阶段：预测处理阶段

这个阶段是预测程序的核心。根据收集的资料,应用一定的科学方法和逻辑推理,对事物未来的发展趋势进行预测。第三阶段分为三个步骤：

(1)选择预测方法。选择预测方法应该根据预测目的、预测对象的特点、收集资料的情况、预测费用以及预测方法的应用范围等条件决定。有时还可以把几种预测方法结合起来,以提高预测的质量。

(2)建立预测模型。通过分析资料和推理判断,揭示所预示对象的结构和变化规律,做出各种假设,最后制定并识别所预测对象的结构和变化模型,这是预测的关键。

(3)进行推理和计算。根据预测模型进行推理或具体计算,求出初步结果,并考虑到模型中所没有包括的因素,对初步结果进行必要的调整。

4. 第四阶段：输出结果阶段

这个阶段是预测程序中必不可少的一个阶段,它分为两个步骤：

(1)预测结果的鉴定。预测毕竟是对未来事件的设想和推测,人们认识的局限性、预测方法的不成熟、预测资料的不全面、预测人员的水平低等,都会降低预测结果的准确性,使预测结果往往与实际有出入,从而产生预测误差。因此,必须对预测结果进行鉴定,找出预测与实际之间误差的大小。

（2）修正预测结果。分析预测误差的目的在于观察预测结果与实际情况的偏离程度，并分析研究产生偏差的原因。如果是由于预测方法和预测模型的不完善造成的偏差，就需要修改方法，改进模型，重新计算。如果是由于不确定因素的影响，则应在修正预测结果的同时，估计不确定因素的影响程度。

第二节　德尔菲预测法

德尔菲预测法是在 20 世纪 40 年代发展起来的一种直观的预测方法。德尔菲这一名称起源于古希腊有关太阳神阿波罗的神话，德尔菲是希腊阿波罗神殿的所在地。传说中阿波罗具有预见未来的能力。因此，这种预测方法被命名为德尔菲预测法。1946年，美国兰德公司首次用这种方法用来进行预测，后来该方法被迅速广泛采用。

德尔菲法是一种广为适用的方法。它既可以用于科技预测，也可以用于社会、经济预测；既可以用于短期预测，也可以用于长期预测。有的学者认为，德尔菲法是最可靠的技术预测方法。

德尔菲法之所以可使用在系统安全预测中，关键在于它能对大量非技术性的无法定量分析的因素做出概率估算，并将概率估算结果告诉专家，充分发挥信息反馈和信息控制的作用，使分散的评估意见逐次收敛，最后集中在协调一致的评估结果上。因此，德尔菲法的预测可信度比较高，在国外得到广泛应用。

一、德尔菲预测法的基本程序

德尔菲法的实质是利用专家的知识、经验、智慧等无法数量化而带来很大模糊性的信息，通过信息沟通与循环反馈，使预测意见趋于一致，逼近实际值，达到预测的目的。

德尔菲预测法的程序如图 10—2 所示，左列各框是管理小组工作，右列各框是应答专家的工作。

德尔菲预测法的步骤如下：

1. 确定预测目标

目标选择应是本系统或专业中对发展规划有重大影响而且有意见分歧较大的课题，预测期限以中、长期为宜。如工矿企业伤亡事故发展趋势预测。

2. 成立管理小组

管理小组人数从两人至十几人不等，随工作量大小而定。其任务是：负责对利用德尔菲法进行预测的工作过程进行设计，提出可供选择的专家名单，搞好专家征询和轮间信息反馈工作，整理预测结果和写出预测报告书。

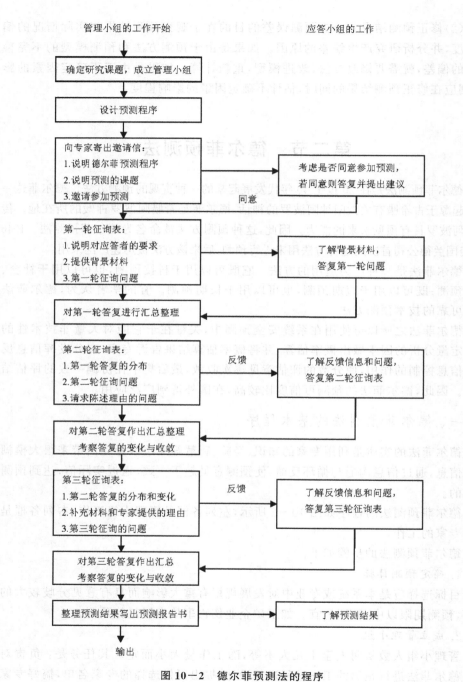

图 10－2 德尔菲预测法的程序

管理小组人员应该对德尔菲法的实质和过程有正确的理解,了解专家们的情况,具备必要的专业知识和统计学、数据处理等方面的知识。

3. 选择专家

德尔菲法的主要工作之一是通过专家对未来事件作出概率估计,因此,专家选择是预测成败的关键。其主要要求有:

(1)要求专家总体的权威程度较高。

(2)专家的代表面应广泛。通常应包括技术专家、管理专家、情报专家和高层决策人员。

(3)严格专家的推荐和审定程序。审定的主要内容是了解专家对预测目标的熟悉程度和是否有时间参加预测等。

(4)专家人数要适当。人数过多,数据收集和处理工作量大,预测周期长,对结果准确度提高并不多,一般以 20～50 人为宜。大型预测可达到 100 人左右。

4. 设计评估意见征询表

德尔菲法的征询表没有统一的规定,但要求符合如下原则:

(1)表格的每一栏目要紧扣预测目标。力求达到预测事件和专家所关心的问题的一致性。

(2)表格简明扼要。设计得很好的表格通常是专家思考决断的时间长,应答填表时间短。填表时间一般为 2～4 小时为宜。

(3)填表方式简单。对不同类型事件(如方针政策,技术途径,费用分析,关键技术的重要性、迫切性和可能性等)进行评估时,尽可能用数字和英文字母表示专家的评估结果。

5. 专家征询和轮间信息反馈

经典的德尔菲法一般分为 3～4 轮征询。在第一轮征询表中,给出一张空白的预测问题表,让专家填写应该预测的一些技术问题,应答者自由发挥,这样可以排除先入之见,但是常常过于分散,难于归纳。所以经常由管理小组预先拟定一个预测事件一览表,直接让专家评价,同时允许他们对此表进行补充和修改。

与预测的课题有关的大量技术政策和经济条件,不可能被所有应答者掌握,管理小组应尽可能把这方面的背景材料提供给专家们,尤其是在第一轮中,这方面信息力求详尽,同时也可以要求专家对不够完善、准确的以往数据提出补充和评价。

在征询表上,最常见的问题是要求专家对某项技术实现的日期作出预言。在一般情况下,专家回答的日期是实现与否可能性正好相当的日期。在某些情况下,常要求专家提供三个概率不同的日期,即不大可能实现—成功概率 10%,实现与否可能性相等—成功概率 50%,基本上可能实现—成功概率 90%。当然也可选择其他类似概率。然后就可以整理专家应答结果的统计特性,各类日期的均值即可作为预测结果。

德尔菲法是一个可控制的组织集体思想交流的过程,使得由各个方面的专家组成的集体能作为一个整体来解答某个复杂问题。它有如下特点:

(1)匿名性。德尔菲法采用匿名函询的方式征求意见。应邀参加预测的专家互不相见,消除了心理因素的影响。专家可以参考前一轮的预测结果以修改自己的意见。由于匿名而无须担心会有损于自己的威望。

(2)反馈性。德尔菲法在预测过程中,要进行3~4轮征询专家意见。预测机构对每一轮的预测结果作出统计、汇总,提供有关专家的论证依据和资料,作为反馈材料发给每一位专家,供下一轮预测时参考。由于每一轮之间的反馈和信息沟通,可进行比较分析,因而能达到相互启发,提高预测准确度的目的。

(3)预测结果的统计特性。为了科学的综合专家们的预测意见和定量表示预测结果,德尔菲法采用了统计方法对专家意见进行处理。

二、专家意见的统计处理

1. 数量和时间答案的处理

当预测结果需要用数量或时间表示时,专家们的回答将是一系列可比较大小的数据或有前后顺序排列的时间。常用中位数和上、下四分点的方法,处理专家们的答案,求出预测的期望值和时间。

首先,把专家们的回答按从小到大的顺序排列。如:当有 n 个专家时,共有 n 个(包括重复的)答数排列如下:

$$x_1 \leqslant x_2 \leqslant \cdots \leqslant x_{n-1} \leqslant x_n$$

其中位数按下式计算

$$\bar{x} = \begin{cases} x_{k+1} & n=2k+1 \quad \text{(奇数)} \\ \dfrac{x_k + x_{k+1}}{2} & n=2k \quad \text{(偶数)} \end{cases} \tag{10-1}$$

式中,$\bar{x}$——中位数;

x_k——第 k 个数据;

x_{k+1}——第 $k+1$ 个数据;

k 为正整数。

上四分位点记为 $x_上$,其计算公式如下:

$$x_{\bot}=\begin{cases}x_{\frac{1}{2}(3k+3)} & n=2k+1, k\text{为奇数}\\[2mm]\dfrac{x_{\frac{3}{2}k+1}+x_{\frac{3}{2}k+2}}{2} & n=2k+1, k\text{为偶数}\\[2mm]x_{\frac{1}{2}(3k+1)} & n=2k, k\text{为奇数}\\[2mm]\dfrac{x_{\frac{3}{2}k}+x_{\frac{3}{2}k+1}}{2} & n=2k, k\text{为偶数}\end{cases}\qquad(10-2)$$

下四分位点记为 $x_{\text{下}}$,其计算公式如下:

$$x_{\bot}=\begin{cases}x_{\frac{k+1}{2}} & n=2k+1, k\text{为奇数}\\[2mm]\dfrac{x_{\frac{k}{2}}+x_{\frac{k}{2}+1}}{2} & n=2k+1, k\text{为偶数}\\[2mm]x_{\frac{k+1}{2}} & n=2k, k\text{为奇数}\\[2mm]\dfrac{x_{\frac{k}{2}}+x_{\frac{k}{2}+1}}{2} & n=2k, k\text{为偶数}\end{cases}\qquad(10-3)$$

例 1　某单位邀请16位专家对该单位的某事件发生概率进行预测,得到16个数据,即 $n=16$, $n=2k$, $k=8$ 为偶数。由小到大将所得数据排列如表10-1。

表 10-1　事件概率专家预测值

n	1	2	3	4	5	6	7	8
事件发生概率 $p(\times10^{-3})$	1.35	1.38	1.40	1.40	1.40	1.45	1.47	1.50
n	9	10	11	12	13	14	15	16
事件发生概率 $p(\times10^{-3})$	1.50	1.50	1.50	1.53	1.55	1.60	1.60	1.65

解:$k=8$ 为正整数,$n=2k$ 为偶数,则中位数 $\bar{x}$ 为:

$$\bar{x}=\frac{1}{2}(x_8+x_{8+1})=\frac{1}{2}\times(1.5+1.5)=1.5_{10^{-3}}$$

由于 $k=8$ 是偶数,由式(10-2)第 4 式,得 $\dfrac{3}{2}k=12$,$\dfrac{3}{2}k+1=13$,则上四分点 $x_{\bot}$ 是第 12 个数与第 13 个数的平均值,为:

$$x_{\bot4}=\frac{1}{2}(x_{12}+x_{13})=\frac{1}{2}(1.53+1.55)=1.54$$

由式(10-3)的第 4 式,可得 $\dfrac{1}{2}k=4$,$\dfrac{1}{2}k+1=5$,可知下四分位点是第 4 个数

与第 5 个数的平均值为：

$$x_{\text{下}4}=\frac{1}{2}(x_4+x_5)=\frac{1}{2}\times(1.40+1.40)=1.40$$

处理结果为：

该事件发生概率期望值为：

$$P=\bar{x}\times10^{-3}=1.5\times10^{-3}$$

预测区间：

上限为：$p_{\text{上}}=1.54\times10^{-3}$

下限为：$p_{\text{下}}=1.40\times10^{-3}$

2. 等级比较答案的处理

在邀请专家进行安全预测的时候，常有对某些项目的重要性进行排序的要求。如为控制某种危险源，防止发生事故，可采取 a,b,c,d,e 五种措施；或在分析某一事故原因时，提出五种原因，现请专家从中选三种最有效措施或最主要原因，并对其排序。

对这种形式的问题，可采取评分法对应答问题进行处理。当要求对 n 项排序时，首先请各位专家对项目按其重要性排序，被评为第一位的给 n 分，第二位给 $n-1$ 分，最后一位即第 n 位者给 1 分，然后按下列公式计算各目标的重要程度：

$$S_j=\sum_{i=1}^{n}B_iN_i \qquad j=1,2,\cdots,m \tag{10-4}$$

$$K_j=\frac{S_j}{M\sum\limits_{i=1}^{n}i} \qquad j=1,2,\cdots,m \tag{10-5}$$

式中，m——参加比较的目标个数；

s_j——第 j 个目标的总得分；

k_j——第 j 个目标的得分比重，$(\sum\limits_{j=1}^{m}k_j=1)$；

n——要求排序的项目个数；

B_i——排在第 i 位项目的得分；

M——对问题作出回答专家人数；

N_i——赞同将某项目排在 i 位的人数。

例 2 某煤矿井下发生了火灾，大量煤炭正在燃烧，不仅造成大量经济损失，而且对矿井安全生产也构成了威胁。为消灭火灾，共提出了 6 个方案（见表 10-2）。现请 93 位专家从中选出 3 个方案并对其排序。

表 10－2　灭火方案

方　案	内　容
a	密闭火区,利用风压平衡法控制漏风
b	密闭火区,向火区内注水
c	密闭火区,向火区内注泥浆
d	密闭火区,向火区内注氮气
e	密闭火区,向火区内注凝胶
f	密闭火区,利用风压平衡法控制漏风并向火区注泥浆

解:将 a 项排在第一、二、三位的专家各为 71,15,2 人,即 $N_1=71$,$N_2=15$,$N_3=2$。要求从提出的方案中选 3 项即 $n=3$,因此被排在第一、二、三位项目的得分应为:$B_1=3$,$B_2=2$,$B_3=1$。于是得:

$$s_a=\sum_1^3 B_i N_i=3\times71+2\times15+1\times2=245$$

$$k_a=\frac{s_a}{M\sum_{i=1}^n i}=\frac{245}{93\times(1+2+3)}=0.44$$

用同样方法处理其他项目,所得结果如表 10－3。

表 10－3　项目处理结果

s_i 项目得分	$s_a=245$	$s_b=36$	$s_c=65$	$s_d=5$	$s_e=31$	$s_f=168$
k_j 项目得分比重	$k_a=0.44$	$k_b=0.07$	$k_c=0.12$	$k_d=0.01$	$k_e=0.06$	$k_f=0.30$
项目得分比重排序	I	IV	III	VI	V	II

通过比较各项目得分比重 k_j,认为应采取的措施及其顺序为:a,f,c。即都需要密闭火区,综合采取风压平衡法控制漏风并向火区注泥浆。

第三节　回归分析法

企业或部门的安全状况与影响它的各种因素是一个密切联系的整体。而这个整体又具有相对稳定性和持续性,即时间序列平稳性。这样就可以抛开对逐个因素的分析,就其整体利用惯性原理,对企业或部门的安全状况进行预测提供了可能。

　　企业或部门的安全状况可以用一定时期内的伤亡人次数、千人死亡率、千人负伤率、百万吨产品死亡率等指标来表示。所有这些指标,都可以通过预测,对其未来的变化作出估计。

　　事物与事物之间往往存在着相互依存、相互制约的关系。这种关系大致可以分为两大类,一类是函数关系,另一类是相关关系。回归分析法是研究相关关系的一种数理统计方法。它通过一定的相关关系方程表达式,来研究变量之间的密切程度,从而可以从一个变量或几个变量的取值去预测或控制另一个变量的取值。

　　回归分析法具有预测结果比较接近实际,易于表示数据的离散性并给出预测区间等优点,适用于预测生产经营单位事故发生变化的趋势。

　　在具体研究变量之间的相关关系时,回归分析法一般分为两个步骤:

　　(1)根据实验或观察数据,绘制散点图,大体确定变量之间的相关关系;

　　(2)根据散点图初步确定的相关关系方程表达式的类型,建立经验回归方程,从而对变量之间的关系程度进行精确的计算与分析。

　　所谓散点图,就是利用有对应关系的两个变量分别作为坐标,且将这两个变量的统计值标在该坐标系中所成的图形。在绘制散点图之前,应先根据实验或观察取得一组互相对应的数据编制成数据表,然后根据散点图进行计算和分析。

　　相关关系的分类如下:

　　(1)从相关的性质分为正相关和负相关。所谓正相关就是当一个现象的变量由小变大时,另一现象的变量也相应地由小变大;而负相关则不同,当一个现象的变量由小变大时,另一个现象的变量却是由大变小。

　　(2)从影响因素的多少分为单相关和复相关。单相关是两个现象之间的关系;复相关则是多个现象之间的关系。

　　(3)从相关的表现形式分为直线相关和曲线相关。

　　(4)从相关紧密程度分为完全相关、不完全相关和不相关。完全相关为函数关系,相互关系十分确定;两现象各自独立,毫无关系则为不相关;在完全相关和不相关之间则为不完全相关。

　　回归分析预测法分为一元回归和多元回归,下面仅介绍一元线性回归法和一元非线性回归法。

一、一元线性回归

1. 回归直线方程及其求法

一元线性回归方程为直线方程:

$$y = a + bx \tag{10-6}$$

式中,x——自变量;y——对应于自变量的因变量;a,b——回归系数。

回归系数 a、b 一般用最小二乘法求得。最小二乘法要求的预测值 $\bar{y}$ 和实际值 y 差的平方和为最小，即 $\sum\limits_{i=1}^{n}(y_i-\bar{y})^2=$ 最小值。

设有 n 对 x 与 y 的数值，若 y 的预测值以 $a+bx$ 代入，则此差的平方和成为 a 与 b 的函数，用 $W(a,b)$ 表示，即

$$W(a,b)=\sum(y-a-bx)^2 \tag{10-7}$$

为了使 $W(a,b)$ 成为最小，分别求 $W(a,b)$ 对 a 及 b 的偏导且令其等于 0，整理后得：

$$\begin{cases} \sum y=na+b\sum x \\ \sum xy=a\sum x+b\sum x^2 \end{cases} \tag{10-8}$$

由上述方程可求得参数 a、b 分别为

$$a=\frac{\sum x\sum xy-\sum x^2\sum y}{(\sum x)^2-n\sum x^2} \tag{10-9}$$

$$b=\frac{\sum x\sum y-n\sum xy}{(\sum x)^2-n\sum x^2} \tag{10-10}$$

一元线性回归用于生产经营单位事故趋势分析时，方程式中各变量代表的具体意义为：x——时间顺序号；y——事故数据；n——事故数据总数。

例3　现以某单位近十年来安全生产事故伤亡人数的统计数据（见表10-4），使用一元线性回归法预测事故的发展趋势。

表 10-4　某单位近 10 年来安全生产事故伤亡人数统计

时间顺序(x)	伤亡人数 y	x^2	xy	y^2
1	28	1	28	784
2	22	4	44	484
3	18	9	54	324
4	10	16	40	100
5	16	25	80	256
6	15	36	90	225
7	17	49	119	289
8	10	64	80	100

（续表）

时间顺序(x)	伤亡人数 y	x^2	xy	y^2
9	11	81	99	121
10	7	100	70	49
$\sum x = 55$	$\sum y = 154$	$\sum x^2 = 385$	$\sum xy = 704$	$\sum y^2 = 2732$

解：首先，根据伤亡人数的统计数值绘制散点图，得出伤亡人数与时间的关系为直线关系。然后，求出参数 a、b，即：

$$a = \frac{\sum x \sum xy - \sum x^2 \sum y}{(\sum x)^2 - n \sum x^2} = \frac{55 \times 704 - 385 \times 154}{55^2 - 10 \times 385} = 24.93$$

$$b = \frac{\sum x \sum xy - n \sum xy}{(\sum x)^2 - n \sum x^2} = \frac{55 \times 154 - 10 \times 704}{55^2 - 10 \times 385} = -1.73$$

回归直线的方程为：$y = 24.93 - 1.73x$。

在坐标中画出回归直线，如图 10—3 所示。

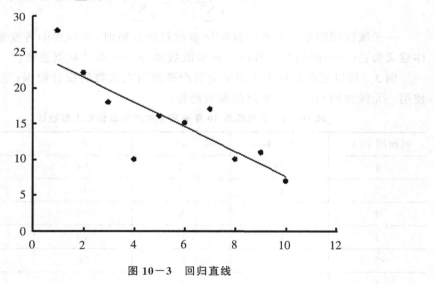

图 10—3　回归直线

2. 相关系数

在回归分析中，还应研究计算得到的回归直线是否符合实际数据变化的趋势，即要求出相关系数 r，其计算公式为：

$$r = \frac{L_{xy}}{\sqrt{L_{xx}L_{yy}}} \tag{10-11}$$

式中　$L_{xy} = \sum xy - \frac{1}{n} \sum x \sum y$；

$L_{xx} = \sum x^2 - \frac{1}{n}(\sum x)^2$；

$L_{yy} = \sum y^2 - \frac{1}{n}(\sum y)^2$；

相关系数 r 取不同的数值时,分别表示实际数据和回归直线之间的不同符合情况。

(1) $r = 0$ 时,表示回归直线不符合实际数据的变化情况;

(2) $0 < |r| < 1$ 时,表示回归直线在一定程度上符合实际数据的变化趋势。$|r|$ 越大,说明回归直线与实际数据变化趋势的符合程度越大;$|r|$ 越小,则符合程度越小。

(3) $|r| = 1$ 时,表示回归直线完全符合实际数据的变化情况。

将表 10-4 中有关数据代入,得:

$$L_{xy} = \sum xy - \frac{1}{n} \sum x \sum y = 704 - \frac{1}{10} \times 55 \times 154 = -143$$

$$L_{xx} = \sum x^2 - \frac{1}{n}(\sum x)^2 = 385 - \frac{1}{10} \times 55^2 = 82.5$$

$$L_{yy} = \sum y^2 - \frac{1}{n}(\sum y)^2 = 2732 - \frac{1}{10} \times 154^2 = 360.4$$

所以　$r = \frac{L_{xy}}{\sqrt{L_{xx}L_{yy}}} = \frac{-143}{\sqrt{82.5 \times 360.4}} = -0.83$

$|r| = 0.83 > 0.6$,说明回归直线与实际数据的变化趋势基本相符合。

3. 预测区间

在回归分析中,还应根据回归方程来预测 y 的取值范围,即预测区间。当 n 较大时,y 的剩余均方差为:

$$S_y = \sqrt{\frac{\sum (y - \bar{y})^2}{n-2}} \tag{10-12}$$

当 $x = x_0$ 时,相应的 y_0 服从正态分布,则 y_0 落在 $y_0 \pm Sy_0$ 区间上的概率为 0.6827,落在 $y_0 \pm 2Sy_0$ 区间上的概率为 0.9545,因此可得到 y 的预测区间为 $[y_0 - 2Sy_0,\ y_0 + 2Sy_0]$,也可求出 y 在某区间内取值,相应 x 在什么范围内。

在求出预测区间以后,可以作出预测带,如图 10-4 所示。

仍以前面的伤亡数据为例,说明预测区间的求法。

该例的回归直线过程为:

$$y = 24.93 - 1.73x$$

可以将前面表中 x_i 分别代入方程求得 y 的预测值,再以实际 y_i 分别减去 y 的预测值,即可计算得到:

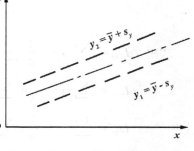

图 10-4　预测带

$$S_y = \sqrt{\frac{\sum(y-\bar{y})^2}{n-2}} = \sqrt{\frac{360.4}{10-2}} = 6.71$$

据此可预测 y 的取值范围。例如,设 $x = 11$,则

$$y = 24.93 - 1.73 \times 11 = 5.9$$

相应预测区间为:$5.9 \pm 2 \times 6.71 = 5.9 \pm 13.42$,即 $[-7.52, 19.32]$,实际 y 值落在 $0 \sim 19.32$ 内的概率为 0.9545(因伤亡人数最小值为 0)。或者 5.9 ± 6.71,即 $[0, 12.61]$。

二、一元非线性回归

非线性回归分析方法是通过一定的变换,将非线性问题转化为线性问题,然后利用线性回归的方法进行回归分析。

非线性回归曲线有很多种,选用哪一种曲线作为回归曲线则要根据实际数据在坐标系中的变化分布形状,也可根据专业知识确定分析曲线。

常用的非线性回归曲线有以下几种:

(1)双曲线 $\frac{1}{y} = a + \frac{b}{x}$,令 $y' = \frac{1}{y}$,$x' = \frac{1}{x}$,则有 $y' = a + bx'$

(2)幂函数 $y = ax^b$,令 $y' = \lg y$,$x' = \lg x$,$a' = \lg a$,则有 $y' = a' + bx'$。

(3)指数函数:

① $y = ae^{bx}$,令 $y' = \ln y$,$a' = \ln a$,则有 $y' = a' + bx$。

② $y = ae^{b/x}$,令 $y' = \ln y$,$x' = \frac{1}{x}$,$a' = \ln a$,则有 $y' = a' + bx'$。

(4)对数函数 $y = a + b\lg x$,令 $x' = \lg x$,则有 $y = a + bx'$。

下面以指数函数 $y = ae^{bx}$ 为例,说明非线性曲线的回归方法。

例 4　某钢厂上一年的工伤人数的统计数据如表 10-5 所示,用指数函数 $y = ae^{bx}$ 进行回归分析。

表 10—5　某钢厂上一年的工伤人数

月份	时间顺序号(x)	工伤人数(y)	y'	x^2	xy'	y'^2
1	1	15	2.708	1	2.708	7.333
2	2	12	2.485	4	4.970	6.175
3	3	7	1.946	9	5.838	3.787
4	4	6	1.792	16	7.168	3.211
5	5	4	1.386	25	6.930	1.931
6	6	5	1.609	36	9.654	2.589
7	7	6	1.792	49	12.54	3.211
8	8	7	1.946	64	15.57	3.78
9	9	4	1.386	81	12.47	7.0
10	10	4	1.386	100	13.86	1.921
11	11	2	0.693	121	7.623	0.480
12	12	1	0	144	0	0
合计	$\sum x = 78$		$\sum y' = 19.129$	$\sum x^2 = 650$	$\sum xy' = 99.337$	$\sum y'^2 = 36.336$

解：令 $y' = \ln y$，$a' = \ln a$，则有 $y' = a' + bx$

用一元线性回归方程计算公式可得：

$$a' = \frac{\sum x \sum xy' - \sum x^2 \sum y'}{(\sum x)^2 - n\sum x^2} = \frac{78 \times 99.337 - 650 \times 19.129}{78^2 - 12 \times 650} = 2.37$$

$$b = \frac{\sum x \sum y' - n\sum xy'}{(\sum x)^2 - n\sum x^2} = \frac{78 \times 19.129 - 12 \times 99.337}{78^2 - 12 \times 650} = -0.175$$

由 $a' = \ln a$ 得：$a = e^{a'} = e^{2.73} = 15.34$

故指数回归曲线方程为：$y = 15.34 e^{-0.175x}$

回归曲线如图 10—5 所示。

计算相关系数 r：

$$L_{xy'} = \sum xy' - \frac{1}{n}\sum x \sum y' = 99.337 - \frac{1}{12} \times 78 \times 19.129 \approx -25$$

$$L_{xx} = \sum x^2 - \frac{1}{n}(\sum x)^2 = 649 - \frac{1}{12} \times 78^2 \approx 143$$

$$L_{y'y'} = \sum y'^2 - \frac{1}{n}(\sum y')^2 = 36.336 - \frac{1}{12} \times 19.129^2 \approx 5.84$$

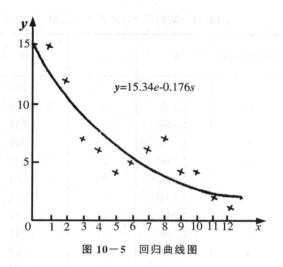

图 10—5　回归曲线图

$$r = \frac{L_{xy'}}{\sqrt{L_{xx}L_{y'y'}}} = \frac{-25}{\sqrt{143 \times 5.84}} = -0.87$$

　　r = —0.87,说明用指数曲线进行回归分析,在一定程度上反映了该厂实际工伤人数的变化趋势。还可以进一步求出 y 的预测区间,计算方法与一元线性回归中的方法相同。

　　根据过去的事故变化情况和事故统计数据,进行回归分析,应用得到的回归曲线方程,可以预测判断下一阶段的事故变化趋势,以指导下一步的安全工作。

复习思考题

1. 什么是预测? 什么是安全预测?
2. 安全预测的步骤是什么?
3. 简述德尔菲预测法的步骤和特点。
4. 说明回归分析法预测的主要步骤。
5. 我国煤炭行业 2001—2009 年的年死亡人数与年煤炭产量如表 10—6 所示,使用一元线性回归法预测我国煤炭行业年死亡人数、煤炭行业年煤炭产量及两者之间的关系。

表 10－6　我国煤炭行业 2001－2009 年的年死亡人数与年煤炭产量

年份序号 x	年份	死亡人数（y_1/人）	年产量（y_2/亿 t）
1	2001	5670	10.89
2	2002	6995	14.20
3	2003	6702	17.36
4	2004	6027	19.56
5	2005	5986	21.13
6	2006	4746	23.30
7	2007	3786	25.23
8	2008	3292	27.16
9	2009	2700	29.10

第十一章　安全决策

第一节　安全决策概述

一、安全决策的定义

事件的发生受许多确定和不确定因素的影响,这时决策就起了很大的作用。决策在人们的生活、工作中随时都会遇到。有些决策是简单的、容易的,例如出门未听天气预报,要不要带雨具;到服装店买衣服,就会遇到衣服的样式、衣料、颜色、价钱、耐用以及舒适等一系列问题,从中做出决策。有些决策是复杂的、困难的,例如能源开发、经济发展战略和计划以及战争与和平等。

什么是决策?决策可以理解为从拟定的若干个欲采用方案中选定最优方案,这就要求人们的选择和判断尽可能地符合客观实际。要做到这一点,决策者应尽可能真实地了解问题的背景、环境和发展变化规律,占有详细的信息资料和正确地掌握决策方法。因此,决策指人们在求生存与发展过程中,以对事物发展规律及主客观条件的认识为依据,寻求并实现某种最佳(满意)准则和行动方案而进行的活动。

安全决策就是针对生产活动中需要解决的特定安全问题,根据安全法律法规、标准、规范等的要求,运用现代科学技术知识和安全科学的理论与方法,提出各种安全措施方案,经过分析、论证与评价,从中选择最优方案并予以实施的过程。

管理就是决策,现代安全管理主要就是解决安全决策的问题。在现代安全管理中,面对许多安全生产问题,要求领导者能统观全局,立足改革,不失时机地作出可行和有效的决策,以实现安全生产的目标。

二、决策的类型及要素

1. 决策的类型
决策的分类方法很多,一般决策问题根据决策系统的约束性与随机性原理(即其自然状态的确定与否)可分为确定型决策和非确定型决策。

1)确定型决策

确定型决策是在一种已知的完全确定的自然状态下,选择满足目标要求的最优方案。

确定型决策问题一般应具备以下四个条件:

(1)存在着决策者希望达到的一个明确目标(收益大或损失小);

(2)只存在一个确定的自然状态;

(3)存在着可供决策者选择的两个或两个以上的决策方案;

(4)不同的决策方案在确定的状态下的益损值(利益或损失)可以计算出来。

2)非确定型决策

当决策问题有两种以上自然状态,哪种可能发生是不确定的,在此情况下的决策称为非确定型决策。

非确定型决策又可分为两类:当决策问题自然状态的概率能确定,即是在概率基础上做决策,但要冒一定的风险,这种决策称为风险型决策。如果自然状态的概率不能确定,即没有任何有关每一自然状态可能发生的信息,在此情况下的决策就称为完全不确定型决策。

风险型决策问题通常要具备如下五个条件:

(1)存在着决策者希望达到的一个明确目标;

(2)存在着决策者无法控制的两种或两种以上的自然状态;

(3)存在着可供决策者选择的两个或两个以上的抉择方案;

(4)不同的抉择方案在不同自然状态下的益损值可以计算出来;

(5)每种自然状态出现的概率可以估算出来。

2. 决策的要素

决策的要素有:决策单元、准则体系、决策结构和环境、决策规则等。

1)决策单元和决策者

决策单元是决策的主体,包括决策者及共同完成决策分析研究的决策分析者,以及用以进行信息处理的设备。它们的工作是接受任务、输入信息、生成信息和加工成智能信息,从而产生决策。

决策者是指对所研究问题有权利、有能力作出最终判断与选择的个人或集体。其主要职责在于提出问题,规定总任务和总需求,确定价值判断和决策规划,提供倾向性意见,抉择最终方案并组织实施。

2)准则(指标)体系

对一个有待决策的问题,必须首先定义它的准则。在现实决策问题中,准则常具有层次结构,包含有目标和属性两类,形成多层次的准则体系,如图11-1所示。

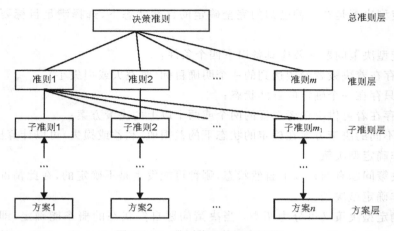

图 11—1　准则体系的层次结构

准则体系最上层的总准则只有一个,一般比较宏观、笼统、抽象,不便于量化、测算、比较、判断。为此要将总准则分解为各级子准则,直到相当具体、直观,并可以直接或间接地用备选方案本身的属性(性能、参数)来表征的层次为止。在层次结构中,下层的准则比上层的准则更加明确具体并便于比较、判断和测算,它们可作为达到上层准则的某种手段。下层子准则集合一定要保证上层准则的实现,子准则之间可能一致,亦可能相互矛盾,但要与总准则相协调,并尽量减少冗余。

设定准则体系是为了评价、选择备选方案,所以准则体系最低层是直接或间接表征方案性能、参数的属性层。应当尽量选择属性值,能够直接表征与之联系,达到程度的属性;否则,只好选用间接表征与之联系的达到程度的代用属性。代用属性与相应目标之间的关系表现为间接关系,其中隐含有决策人的价值判断。例如,用武器系统操作人员的文化程度,与是否需要专门培训来表征武器系统的使用方便性(目标要求),就是一种代用属性。它隐含着下述价值判断:操作人员文化程度愈低,武器系统使用方便性愈好。

3)决策结构和环境

决策的结构和环境属于决策的客观态势(情况)。为阐明决策态势,必须尽量清楚地识别决策问题(系统)的组成、结构和边界,以及所处的环境条件。它需要标明决策问题的输入类型和数量,决策变量(备选方案)集和属性集以及测量它们的标度类型,决策变量(方案)和属性间以及属性与准则间的关系。

决策变量又称可控(受控)变量,它是决策(评价)的客观对象。在自然系统中,决策变量集常以表征系统主要特征的一组性能、参数形式出现,由它们可以组合出无限多个备选方案,方案是连续型,其范围由一组约束条件所限制。而在实际(社会）系统中,例如安全系统的因变量之间,变量与属性之间的结构过于复杂,有许多是半结构化甚至非结构化形式,尚难以给予形式化的表述,所以决策变量常以有限个离散的备选方案的形式出现。决策变量的这两种类型（连续、离散）,导致了两类不同的决策方法,前者称为多目标决策,后者称为多属性决策,两者又统称为多准则决策。

决策的环境条件可区分为确定性和非确定性两大类。由于决策是面向未来发生事件所作的抉择,所以决策的环境条件都带有不确定性,只是在很多情况下,正常环境出现的概率很大,非正常条件发生的可能性很小（即近似认为是小概率事件）,而认为环境条件是确定的。

4）决策规则

决策就是要从众多的备选方案中选择一个用以付诸实施的方案,作为最终的抉择。在作出最终抉择的过程中,要按照多准则问题方案的全部属性值的大小进行排序,从而依序择优。这种促使方案完全序列化的规则,便称为决策规则。决策规则一般粗分为两大类：最优规则和满意规则。最优规则是使方案完全序列化的规则,只有在单准则决策问题中,方案集才是完全有序的,因此,总能够从中选中最优方案。

然而在多准则决策问题中,方案集是不完全有序的,准则之间往往存在矛盾性,不可公度性（各准则的量纲不同）,所以,各个准则均最优的方案一般是不存在的。因而,只能在满意规则下寻求决策者满意的方案。在系统优化中,用"满意解"代替"最优解",就会使复杂问题大大简化。决策者的满意性一般通过所谓"倾向性结构（信息）"来表述,它是多准则决策不可缺少的重要组成部分。

三、安全决策的基本程序

决策本身是一个过程。要做出科学的、正确的决策,应遵循必要的程序和步骤。典型的决策过程如图 11—2 所示,主要包括提出问题、明确目标、构造模型、分析评价、实施等 5 个阶段。

安全决策与通常的决策过程一样,应按一定的程序和步骤进行。不同的是,在进行安全决策时,应根据安全问题的特点,确定各个步骤的具体内容。

1）确定决策目标

决策过程首先需要明确目标,也就是要明确要解决的问题。决策目标也就是所需要解决的问题,正确地确定目标是决策分析的关键。对安全而言,安全决策所涉及的主要问题就是保证人们的生产安全、生活安全和生存安全。但是这样的目标所涉及的范围和内容太大了,以至于无法操作,应进一步界定、分解和量化。

安全问题寓于生产过程之中,因此安全决策所涉及的主要问题就是保证安全

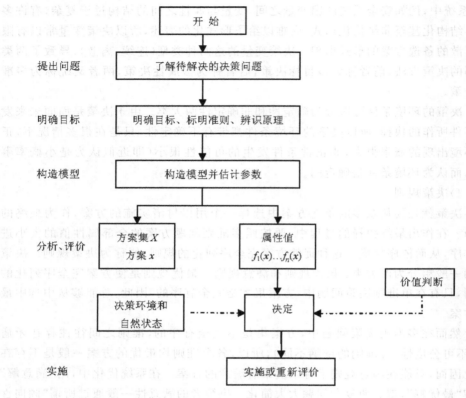

图 11-2 典型的决策过程

生产。安全生产是一个总目标,它可以分解为预防事故发生、消除职业病和改善劳动条件三个基本目标。而且,对已分解的目标,还应根据行业的不同、现实条件的不同(如经济保证、技术水平、管理水平等)、边界约束条件的不同区分目标的实现层次及内涵。

另外,对决策目标应有明确的指标要求。对于技术问题,应有风险率、严重度、可靠度系数以及事故率、时间域和空间域等具体量化指标;对于难以量化的定性目标,则应尽可能加以具体说明。

2)目标分类

安全生产是一个总目标,对于具体行业或具体单位来讲,安全生产问题是多方面的。决策目标在尽可能详尽地列出之后,应把所有目标划分为必须目标和期望目标。也就是说,哪些目标必须达到,哪些目标希望达到应该分类明确。

决策目标应有明确的指标要求,如事故发生概率、严重度、损失率以及时间指标、技术指标等,作为以后实施决策过程中的检验标准。对于难以量化的目标,也就尽可能加以具体说明。

3)制定对策方案

在目标确定之后应进行技术性论证,其目的是寻求对实施手段与途径的战术性的决策。在这个过程中,决策人员应用现代科学理论与技术对达到目标的手段进行调查研究、预测分析,进行详细的技术设计,拟出几个可供选择的方案。

4)分析与评价对策方案

各种对策方案制定出以后,就可根据目标进行分析与评价。首先根据总目标和指标将那些不能完成必须目标的方案舍弃掉,将那些能够完成必须目标的方案保留下来。再用期望目标去衡量,考虑到每个方案达到每个期望目标的程度,可用加权法来划分,求出每个方案的期望值权重,期望值权重大者,应为最优先的备选方案。

5)备选决策提案

能够达到必须目标,并且对完成期望目标取得最大权重数的对策方案,称为备选决策提案。备选决策提案不一定是最后决策方案,需要经过技术评价和潜在问题分析(主要是不良影响分析),做进一步的慎重研究。

6)技术评价与潜在问题分析

技术评价一般要考虑备选决策提案对自然和社会环境的各种影响所导致的安全对策问题,应侧重在安全评价、对系统中固有的或潜在的危险及其严重程度进行分析和评估。对安全决策提案要注意以下几个方面:

(1)人身安全方面。是否有造成工伤的危险、中毒的危险,有无生命危险,有无职业病和后遗症的危险,是否会加重人的疲劳,是否会带来精神紧张等。

(2)人的精神和思想方面。是否会造成人的思想观念的变化,是否会造成人的兴趣爱好和娱乐方式的变化,是否造成人的情绪和感情方面的变化,是否对个人生活和家庭生活产生影响,导致不安全感和束缚感等。

(3)人的行动方面。能否造成生活方式的变化(多样化或单一化),能否影响生活的时间划分(劳动时间、休息时间、学习时间、家庭生活时间)等。

总之,对备选决策方案,决策者要向自己提出"假如采用这个方案,将要产生什么样的结果","假如采用这个方案,可能导致哪些不良后果和错误"等问题。从一连串的提问中,发现各种可行方案的不良后果,把它们一一列出,并进行比较,以决定取舍。

7)实施与反馈

决策是为了实施,为了使决策方案在实施中取得满意的效果,执行时要制定规划和进程计划,健全机构,组织力量,落实负责部门与人员,及时检查与反馈实施情况,使决策方案在实施中趋于完善并达到期望的效果。

第二节　安全决策方法

安全决策是一门交叉学科,既含有从运筹学、概率论、控制论、模糊数学等引入的数学方法,也有从安全心理学、行为科学、计算机科学、信息科学引入的各种社会、技术科学。多属性决策问题可分为确定性和非确定性两类,决策方法有确定性多属性决策方法、定性与定量相结合的决策方法和模糊多属性决策方法等。

一、ABC 分析法

ABC 分析法又叫主次图法、排列图、巴雷托图等,它的基础可溯自巴雷托分析(Parteo Analysis)。巴雷托得出了收入与人口的规律,即占人口比重不大(20%)的少数人的收入占总收入的大部分(80%),而大多数人(80%)的收入只占总收入的很小部分(20%),所得分布不平等。他提出了"关键的少数和次要的大数"原理,用来表示这种财富分配不平等现象的统计图表称为巴雷托曲线分布图。

ABC 分析法运用在安全管理上,就是应用"许多事故原因中的少数原因带来较大的损失"的法则,根据统计分析资料,按照不同的指标和风险率进行分类与排列,找出其中主要危险或管理薄弱环节,针对不同的危险特性,实行不同的管理方法和控制方法,以便集中力量解决主要问题。

ABC 分析法用图形表示即巴雷托图,如图 11−3 所示。该图是一个坐标曲线图,其横坐标为所要分析的对象,如某一系统中各组成部分的故障模式、某一失效部件的各种原因等,纵坐标为横坐标所标示的分析对象的量值(累积相对频率),如失效系统中各组成部分事故相对频率、某一失效系统和部件的各种原因的时间或财产损失等。

某单位因安全管理的缺陷造成的事故统计数据如表 11−1 所示,ABC 分析图如图 11−3 所示。

表 11−1　某单位安全管理的缺陷造成的事故统计数据

事故类型	事 故 数	相对频率(%)	累积相对频率(%)
违反操作规程	6258	67.02	67.02
现场缺乏检查	1050	11.24	78.26
不懂操作技术	735	7.87	86.11
违反劳动纪律	329	3.53	89.66

（续表）

事故类型	事 故 数	相对频率(%)	累积相对频率(%)
劳动组织不合理	301	3.22	92.88
操作错误	272	2.91	95.79
指挥错误	143	1.53	97.32
规章制度不健全	137	1.47	98.29
没有安全规程	113	1.21	100
总　　计	9338	100%	

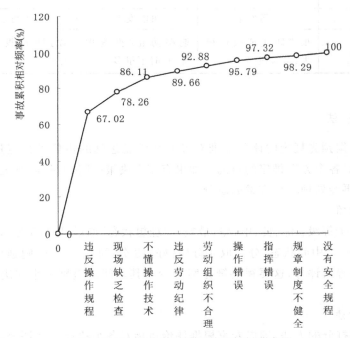

图 11—3　安全管理项目的巴雷托分布图

根据图 11—3 中的巴雷托曲线对应（纵坐标）的百分比,就可查出关键因素和部件。通常将占累加百分数 0～90% 的部分或因素称为主要因素或主要部位,其余 10%（即 90%～100%）这部分称为次要因素或次要部位。0～80% 的部分或因素称为关键因素或关键部位,即 A 类（如图中违反操作规程和现场缺乏检查两项）,80%～90% 的部分或因素划为 B 类（即图中不懂操作技术和违反劳动纪律两项）,余下部分或因素划为 C 类。

在安全管理上,若不作分析图,也可参考表 11—2 来划分 A、B、C 的类别。

表 11—2　划分 A、B、C 类别的参考因素

因　素	A	B	C
事故严重度	可造成人员死亡	可造成人员严重伤害、严重职业病	可能造成轻伤
对系统影响程度	整个系统或两个以上的子系统损坏	某子系统损坏或功能丧失	对系统无多大影响
财产损失	可能造成严重的损失	可能造成较大的损失	可能造成轻微的损失
事故概率	容易发生	可能发生	不大可能发生
对策的难度	很难防止或投资很大、费时很多	能够防止,投资中等,费时不很多	易于防止,投资不大,费时少

二、评分法

评分法根据预先规定的评分标准对各方案所能达到的指标进行定量计算、比较,从而达到对各个方案排序的目的。如果有多个决策(评价)目标,则先分别对各个目标评分,再经处理求得方案的总分。

1. 评分标准

一般分五个等级:优、良、中、差、最差。"理想状态"取最高分(5 分),"不能用"取最低分(1 分),"中间状态"分别取 4 分(良好)、3 分(可用)、2 分(勉强可用)。当然也可按 7 个等级评分,这要视决策方案多少及其之间的差别大小和决策者的要求而定。

2. 评分方法

采用专家打分的方法,即以专家根据评价目标对各个抉择方案评分,然后取其平均值或除去最大值、最小值后的平均值作为分值。

3. 评价指标体系

评价指标一般包括三个方面的内容:技术指标、经济指标和社会指标。对于安全问题决策,要解决某个安全问题,若有几个不同的技术方案,则其评价指标体系的技术指标大致有:技术先进性、可靠性、安全性、维修性、可操作性等;经济指标大致有成本、质量、原材料、周期、时间等;社会指标大致有:劳动条件、环境、习惯、道德伦理等。要注意指标数不宜过多,否则不但难以突出主要因素,不易分清

主次,同时还会给参加评价的人员造成极大的心理负担,评价结果反而不能反映实际情况。

4. 加权系数

由于各评价指标的重要程度不一样,必须给每个评价指标一个加权系数。为了便于计算,一般取各个评价指标的加权系数 g_i 之和为 1。加权系数值可由经验确定或用判别表法计算。

判别表如表 11—3 所示,将评价指标的重要性两两比较,同等重要的各给 2 分;某一项比另一项重要则分别给 3 分和 1 分;某一项比另一项重要得多,则分别给 4 分和 0 分。将对比的给分填入表中。

表 11—3　加权系数判别计算表

比较者 ＼ 被比者	A	B	C	D	k_i	$g_i = k_i / \sum\limits_{i=1}^{4} k_i$
A		1	0	1	2	0.083
B	3		1	2	6	0.250
C	4	3		3	10	0.417
D	3	2	1		6	0.250
重要程度排序 $C > B = D > A$					$\sum\limits_{i=1}^{4} k_i = 24$	$\sum\limits_{i=1}^{4} g_i = 1.0$

计算各评价目标加权数公式为:

$$g_i = k_i / \sum_{i=1}^{n} k_i \tag{11—1}$$

式中,k_i——各评价指标的总分;n——评价指标数。

当指标较多时,比较过程应十分冷静、细致,否则会引起混乱,陷入自相矛盾的境地。

另一种办法是对多个指标不一对一地逐个对比,而是只依次对两个指标做一次比较。如表 11—4 所示,按从上到下的顺序,对上下两个相邻指标进行比较。先比较指标 A 和 B,认为 A 的重要性是 B 的两倍,而 B 的重要性是 C 的一半,这样一直进行到底。

表 11－4　重要程度比较表

目　标	暂定重要程度	修正重要程度	加权系数
A	2.0	1.0	0.235
B	0.5	0.75	0.176
C	1.5	1.5	0.353
D	—	1.0	0.235
重要程度排序 $C > A = D > B$	$\sum_{i=1}^{n} k_i = 4.25$		$\sum_{i=1}^{n} g_i = 1.0$

若把最后一项指标 D 的数值假定为 1.0，因为它上面的指标 C 是 D 的 1.5 倍，因此，修正的重要度即为原来的 1.5 倍（$D \times C = 1 \times 1.5 = 1.5$）。指标 C 上面的指标 B 是 C 的一半，故修正重要度为 0.75（$C \times B = 1.5 \times 0.5 = 0.75$）。指标 B 上面的指标 A 是 B 的 2 倍，故修正的重要度为 1（$B \times A = 0.5 \times 2 = 1.0$）。由此看出，指标 C 最重要，其次是 A、D 同等重要，最不重要的是 B。

最后求各修正程度系数之和，并以其和除以各修正重要程度系数即得到各指标的加权系数。

这种方法较上述方法可用较少的判断次数来确定重要程度，但主观因素也更强一些。

5. 定性目标的定量处理

有些指标如美观、舒适等，很难定量表示，一般只能用很好、好、较好、一般、差，或是优、良、中、及格、不及格等定性语言来表示。这时可规定一个相应的数量等级，如很好或优给 5 分，好或良给 4 分，差或不及格给 1 分。

但应注意，诸如美观、舒适之类指标，不同的人有不同的感受。如操作座椅，对形体高大的人认为舒适，而对形体矮小的人感觉可能相反。对美观更是如此。因此，他们对同一事物可能给出不同的评分。这时可用概率决策方法来处理，求其期望价值 $E(V)$。

$$E(V) = \sum_{i=1}^{n} p_i v_i \qquad (11-2)$$

式中，V_i——目标 i 可能有的价值；

P_i——特定价值发生的概率；

n——目标数。

6. 计算总分

计算总分有很多方法，有分值相加法、分值相乘法、均值法、相对值法、有效值法等，如表 11－5 所示，可根据具体情况选用。总分或有效值高者为较佳方案。

表 11—5 总分积分方法

方法	公式	公式号	备　注
分值相加法	$Q = \sum\limits_{i=1}^{n} k_i$	式(11—3)	计算简单,直观
分值相乘法	$Q = \prod\limits_{i=1}^{n} k_i$	式(11—4)	各方案总分相差大,便于比较
均值法	$Q = \dfrac{1}{n} \sum\limits_{i=1}^{n} k_i$	式(11—5)	计算较简单,直观
相对值法	$Q = \dfrac{\sum\limits_{i=1}^{n} k_i}{n Q_0}$	式(11—6)	$Q \leqslant 1$,能看出与理想方案的差距
有效值法（加权计分法）	$N = \sum\limits_{i=1}^{n} k_i g_i$	式(11—7)	总分中考虑各评价目标的重要度

式中,Q—方案总分值;N—有效值;n—评价目标数;k_i—各评价目标的评分值;g_i—各评价目标的加权系数;Q_0—理想方案总分值。

三、决策树法

决策树是决策过程的一种有序的概率图解表示,因此,决策树分析决策方法又称概率分析决策方法,是风险型决策中的基本方法之一。决策树法是一种演绎性方法,它将决策对象按其因果关系分解成连续的层次与单元,以图的形式进行决策分析。由于这种决策图形似树枝,故俗称"决策树"。

1. 决策树的结构

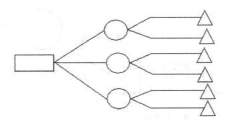

图 11—4 决策树示意图

决策树的结构如图 11—4 所示,图中方块——表示决策点,从它引出的分枝叫方案分枝,分枝数即为可能的行动方案数。圆圈——表示方案节点(也称自然状态点),从它引出的分枝叫概率分枝,每条分枝的上面注明了自然状态(客观条件)及其概率值,分枝数即为可能出现的自然状态数。三角——表示结果节点(也称"末梢"),它旁边的数值是每一方案在相应状态下的收益值。

2.决策步骤

首先根据问题绘制决策树,然后由右向左逐一进行分析,根据概率分枝的概率值和相应结果节点的收益值,计算各概率点的收益期望值,并分别标在各概率点上,再根据概率点期望值的大小,找出最优方案。

3.决策树分析法的优点

(1)决策树能显示出决策过程,不但能统观决策过程的全局,而且能在此基础上系统地对决策过程进行合理的分析,集思广益,便于做出正确决策。

(2)决策树显示把一系列具体风险的决策环节联系成一个统一的整体,有利于在决策过程中周密思考,能看出未来发展的几个步骤,易于比较各种方案的优劣。

(3)决策树法既可进行定性分析,也可进行定量分析。

4.应用举例

例1 某厂因生产上需要,考虑自行研制一个新的安全装置。首先,这个研制项目是否需要评审,如果准备评审,则需要评审费用5 000元,不准备评审,则可省去这笔费用,这一事件决策者完全可以决定,这是一个主观抉择环节。如果决定评审,评审通过的概率为0.8,而通不过的概率为0.2,这种不能由决策者自身抉择的环节称为客观随机抉择环节。接下来是采取"本厂独立完成"形式还是由"外厂协作完成"形式来研制这一安全装置,这也是主观抉择的环节。每种形式都有失败可能,如果研制成功(无论哪一种形式),能有6万元的效益;若采用"独立完成"形式,则研制费用为2.5万元,成功概率为0.7,失败概率为0.3;若采用"外厂协作"形式,则支付研制费用为4万元,成功概率为0.9,失败概率为0.1。

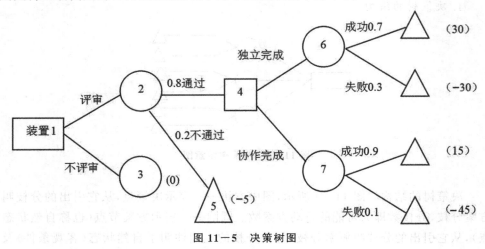

图11—5 决策树图

解：首先画决策树，见图 11—5 所示。然后根据上述数据计算各结果点的收益值（收益 ＝ 效益－费用），并填在"△"符号旁。

独立研制成功的收益：$60-5-25=30$（千元）

独立研制失败的收益：$0-5-25=-30$（千元）

协作研制成功的收益：$60-5-40=15$（千元）

协作研制失败的收益：$0-5-40=-45$（千元）

按照期望值公式计算期望值，期望值公式：

$$E(V)=\sum_{i=1}^{n} P_i V_i \qquad\qquad (11-8)$$

式中，V_i—事件 i 的条件值；P_i—特定事件 i 的发生概率；n—事件总数。

独立研制成功的期望：

$$E(V_6)=0.7\times30+0.3\times(-30)=12$$

协作研制成功的期望值：

$$E(V_7)=0.9\times15+0.1\times(-45)=9$$

根据期望值决策准则，决策目标是受益最大，则采用期望值最大的行为方案；如果决策目标是损失最小，则选定期望值最小的行动方案。本例选用期望值最大者，即选用独立研制形式。接下来在节点 4 处填入 12 数值，在下方结果点 5 旁填入－5（评审费），计算申报环节的期望值：

$$E(V_2)=0.8\times12+0.2\times(-5)=8.6$$

复习思考题

1. 什么是安全决策？

2. 安全决策的种类都有哪些？

3. 安全决策的基本程序是什么？

4. 简述评分法决策的主要步骤。

5. 说明决策树法的决策步骤。

6. 安全决策的方法有哪些？

7. 某单位检查消防工作时，发现储存一般物品库房与危险品库房位置相距过近，一旦发生火灾，将会造成巨大损失和危害。若另建危险品库房需 40 万元，如不重建，可用增加消防设备来降低危险性，需投资 2 万元，如听其自然，当发生大、中、小型火灾时,造成的损失分别为 50 万元、10 万元和 2 万元,如增添设备,使扑救能力加强,可以降低火灾损失,则损失分别降为 5 万元、2 万元和 0.5 万元。从历年火灾统计数量看,发生大、中、小型火灾的概率分别为 0.1,0.3,0.6,问该单位如何用较少资金取得良好的防火效果?试用决策树方法来选择。

第十二章　安全系统工程应用实例

一、安全检查表分析法在矿井安全评价中的应用

安全检查表通常用于检查各种安全规范和标准的执行情况，既可用于简单的快速分析，也可用于更深层次的分析，它是识别已知危险的有效方法。

1. 评价情况

按照《河北省小煤矿安全评价办法及标准》，煤矿安全程度评价包括 10 个单项，即：安全机构及人员资质、安全管理、通风、瓦斯、爆破、防尘防火、防治水、电气、开采、提升运输。以某煤矿为例，对其 10 个单项的得分如表 12—1 所示。

表 12—1　某煤矿 10 个单项评分表

评价项目	评价内容	标准分	单项折合分	存在问题及扣分原因
安全机构及人员资质	安全管理机构设置、安全管理人员、特种作业人员资质、职工安全培训、煤矿救护	100	91	按矿井三班实际生产需要，应配备 3 名电钳工，实际只有 1 名扣 4 分；无培训过程，也无上年培训结果存档扣 5 分
安全管理	安全专篇、安全制度、图纸、操作规程作业规程、安全措施	100	88	安全办公会议制度落实不好扣 2 分；安全目标管理制度没有落实扣 2 分；安全隐患排查报告制度没有落实扣 2 分；安全技术规程措施审批制度没有落实扣 2 分；爆破器材使用管理制度没有落实扣 2 分；没有根据季节的变化修改年度灾害预防处理计划扣 2 分

评价项目	评价内容	标准分	单项折合分	存在问题及扣分原因
通风	通风系统、通风设施、局部通风	100	73	通风机房内没有轴承温度计、水柱计、电流表、电压表、没有运转记录扣 10 分；总回风道通总进风道 1 密闭漏风扣 2 分；局部通风机没有风电闭锁，不符合《河北省小煤矿安全评价办法及标准》第三项第 4 款的规定扣 15 分
瓦斯	瓦斯管理、突出矿井管理与通风抽放	100	64.35	执行"一炮三检测"，记录不全扣 10 分；井下检查瓦斯牌板只反映一班检查数字，一班检查数字也缺 2 次检查还没人员签字扣 15 分；突出矿井管理与瓦斯抽放为缺项
爆破	爆破器材、井下爆破	100	75	爆破作业地点使用铁芯爆破母线扣 5 分；现场检查时爆破作业地点无炸药、雷管分装箱扣 5 分；爆破作业地点无爆破说明书扣 10 分；无洒水降尘设施，爆破前后 20 m 内无法降尘扣 5 分
防尘防火	矿井防尘、防火灭火	100	60	有防尘供水管路，掘进工作面未按规定安设水幕扣 5 分；采掘工作面没有安装隔爆设施扣 20 分；采掘工作面没有湿式打眼扣 5 分；井下没有定期测尘扣 5 分；地面矿灯房没有灭火器材扣 5 分
防治水	技术管理、井下、地面防治水	100	80	在采掘工程平面图上，没有标注历年采空区及隔离煤柱扣 5 分；在采掘工程平面图上，没有标注采空区积水及影响范围扣 5 分；没有备用排水管路扣 10 分
电气	供电、电气设备和保护、照明通讯及信号	100	60	矿井主通风机为单回路供电扣 5 分；由地面架空线路引入井下的通信线路没有装设防雷电装置扣 10 分；上口往下 20 m 处电缆接线盒不合格扣 5 分；井下配电点低压开关内短路保护用的是 200A 保险片保险太大扣 5 分；下车场无信号灯，绞车房无信号按钮扣 10 分；地面没有与井下直通电话扣 5 分

（续表）

评价项目	评价内容	标准分	单项折合分	存在问题及扣分原因
开采	安全出口及采煤、顶板管理、采掘机械、巷道维修	100	62	作业规程、安全技术措施的贯彻没有签名记录扣 5 分；掘进工作面的净端面尺寸与作业规程要求不符扣 12 分；主井一处高度 1.45 m，不符合《煤矿安全规程》第二十一条第 1 款规定扣 2 分；采掘机械为缺项；安全出口及采煤为缺项
提升运输	提升、斜巷及平巷运输、机车和胶带输送机运输	100	56.25	使用的是 11.4 kw 内齿轮绞车，选型不合理扣 5 分；斜井绞车房没有信号按钮，下车场无信号装置扣 10 分；斜井没有设置"一坡三档"扣 15 分；暗斜井没有"行人不开车，开车不行人"的警示牌扣 5 分；机车和胶带输送机为缺项

小煤矿安全评价标准设 3 个层次，分为 10 个专项、106 个小项。每个专项均为 100 分，专项内有缺项的其专项分数按下列公式计算：

$$单项折合分数 = \frac{单项标准分}{(单项标准分-缺项分数)} \times 本单项评估实际得分$$

如没有缺项，专项折合分数就是其实际得分。评价项目如缺小项或小项内缺少内容：按规定必须有的，按评分办法评分；可以没有的，不扣分。

煤矿安全评价等级分为 4 类：

（1）A 类（好）煤矿：安全评价得分为 900 分及以上，且 10 个专项得分都必须高于 80 分；

（2）B 类（一般）煤矿：安全评价得分为 750 分及以上，且 10 个专项得分都必须高于 65 分；

（3）C 类（差）煤矿：安全评价得分为 600 分及以上，且 10 个专项得分都必须高于 50 分；

（4）D 类（不合格）煤矿：安全评价得分为 600 分及以下。

煤矿安全评价得分在 600 分及以上，只要该煤矿 10 个专项中有 1 项得分低于 50 分（含 50 分），即为 D 类煤矿。

以上述某煤矿为例,提升运输单项折合分数如下:单项标准分＝100,缺项分数＝20,实际得分＝45,代入公式得出该项分数为56.25。同理计算出开采和瓦斯的单项折合分数分别为62,64.35。其余无缺项的实际得分就是它的单项折合分。10个单项折合分数之和就是安全评价得分708.61。所以该煤矿为C类煤矿。经计算分析,河北省承德市鹰手营子矿区内的63个煤矿中,没有A类矿井,有1个B类煤矿,58个C类煤矿,4个D类煤矿。

2. 煤矿安全现状分析

依据《河北省小煤矿安全评价办法及标准(试行)》和《煤矿安全规程》,用安全检查表对河北省承德市鹰手营子矿区煤矿的安全现状进行综合评价,发现存在以下题:

(1)大多数矿井的特种作业人员虽然是持证上岗,但其数量不能满足矿井安全生产的要求。

(2)培训方面应有当年安全培训计划、培训情况和考核结果存档。评价发现多数有培训计划,但是没有考核结果存档。

(3)安全措施方面,应有年度灾害预防处理计划并贯彻落实。但是矿井灾害预防与处理计划没有修改过,不能适应季度灾害变化的预防要求。

(4)矿井通风方面,有部分煤矿通风机房内没有轴承温度计、水柱计,没有运转记录,未配备高、中、低速风表,井下通风设施(如门、密闭)质量较差,没有测定外部漏风率。有少数矿备用风机能力与在用的主要通风机能力不匹配。

(5)瓦斯管理方面,部分煤矿没有执行“一炮三检制”并且缺少记录。

(6)爆破方面,大部分矿井使用铁心爆破母线,现场检查无炸药、雷管分装箱,无爆破说明书。

(7)防尘防火方面,没有冲刷巷道和定期测尘,部分煤矿没有安设水幕,采掘工作面没有湿式打眼和使用水炮泥,灭火器材数量不够。

(8)防治水方面,防治水系统不完善。

(9)电气方面,矿井主要通风机为单回路供电,电气设备和通信设备不完善。

(10)在开采方面,主斜井局部高度不够,采掘工作面支护不符合作业规程要求。

(11)提升运输方面,部分矿井提升装置没有限速保护、松绳保护、闸间隙保护,装置没有警铃,少数矿井主斜井斜巷内防跑车装置不起作用。

(12)在煤矿安全评价过程中发现有相当部分的煤矿,生产技术资料,特别是通风系统图、采掘工程平面图、井上下对照图、供电系统图不完善并且填绘不及时,同时也不能利用图纸指导安全矿井生产。

3. 安全评价对煤矿安全的促进作用

通过煤矿安全程度的评价,有力地促进了煤矿企业安全生产面貌的改变。具体体现在以下几个方面:

(1)矿井瓦斯等级管理更加明确。通过这次煤矿安全评价,促使矿井委托煤科总院抚顺分院进行瓦斯等级鉴定,鉴定等级均为低瓦斯矿,开采以来均未发生过煤与瓦斯突出危险。这就在很大程度上减少上级主管部门对高瓦斯矿井监察的工作量。

(2)强化了安全管理措施的贯彻和落实。通过安全程度评价,强化了安全管理措施的贯彻和落实。

(3)完善和规范了矿井生产技术资料。通过安全程度评价,使绝大多数矿井的技术资料和规范化管理迈进了很大一步,能够做到真正地利用生产技术资料指导矿井安全生产。

(4)为对企业实施安全监察和管理提供依据。通过煤矿安全评价,为煤矿安全生产管理部门对企业实施监察提供依据。通过这次安全评价,使煤矿安全生产管理部门在下一阶段,能够有目的、有重点地对少数煤矿进行安全监察。

(5)强化国家法律、法规在企业的作用。按照国家颁发的有关法律法规,煤矿安全程度评价由经过国家认证的具有资质的中介机构负责进行,通过这次开展煤矿安全程度评价,中介机构充分地认识到国家不断地加大对安全生产管理的监督力度,作为煤矿生产企业,只有在国家的大政方针指导下,搞好企业安全生产,加大安全投入,合理、合法开采才能取得更好的经济效益。

二、应用预先危险性分析在小型轧钢企业危险源安全预评价中的应用

冶金行业的安全状况很不平衡,国有大型企业总体安全生产情况良好,但众多中小企业特别是民营企业存在设备工艺落后、安全管理混乱、职工素质低等现象。下面结合小型轧钢企业的生产特点,对生产过程中的危险源和有害因素进行辨识和评价,为小型轧钢企业事故隐患排查、降低事故风险提供帮助。

1. 小型轧钢生产过程中主要危险、有害因素的分析、评价

1)主要危险因素的分析、评价

根据《企业伤亡事故分类》(GB6441—86)并结合小型轧钢企业的生产特点,采用预先危险分析法(PHA)对企业的主要危险因素分析评价,如表12—2所示。

表 12－2　　小型轧钢生产过程中主要危险因素分析评价表

危险类型	危险因素	所处位置	形成事故原因事件	事故情况	结果	危险等级
机械伤害	机械（直线、往复运动部件）夹击、碰撞、剪切、卷入、绞碾、割、刺	轧钢作业区	来钢伤人、轧机夹伤人、红钢飞出伤人	生产停止人员伤亡	财产损失、人员伤亡、生产停止	Ⅲ级
		煤气站皮带输送机	接触设备运动部件			
		电机、风机等机械的传动件	人员违章操作			
起重伤害	挤压、坠落（吊具、吊重）物体打击和触电	轧钢天车、电磁吊作业、煤气站电葫芦等	起重作业（检修、运行）	吊具、吊锤坠落伤人，人员被挤压	人员伤亡	Ⅲ级
灼烫	高温物体烫伤	煤气炉、蒸汽锅炉及管道、加热炉	插钎时高温水蒸气泄漏、蒸汽锅炉及管道破裂、人员接触设备、管道超温的表面	人员烫伤	人员烫伤	Ⅲ级
火灾	点火源（明火、电火花、撞击火花、静电火花、物质缓慢氧化放热）	煤堆场	煤粉缓慢氧化	煤粉燃烧、生产停止	财产损失、人员伤亡、生产停止	Ⅲ级
		煤气站、加热炉	煤气管道、阀门、水封、排送机等泄漏遇点火源	引起火灾		
		轧钢油液压系统	液压油泄漏遇点火源	引起火灾、设备损坏		

（续表）

危险类型	危险因素	所处位置	形成事故原因事件	事故情况	结果	危险等级
高处坠落	高位能	室内外临空平台、煤气炉、加热炉等检修平台	防护措施不全或损坏、人员操作失误、室外天气影响	检修、巡检人员坠落	人员致残致伤	Ⅲ级
化学性爆炸	煤热油液滴	煤焦油捕集装置	煤热油及氧含量达到爆炸极限	发生爆炸	财产损失、人员伤亡、生产停止	Ⅱ级
	煤气	煤气发生及输送管道	煤气中氧含量超标,并遇点火源			
	乙炔	检修焊割作业	操作不当			
物理性爆炸	高温高压水蒸气	余热锅炉及管道	容器、管道缺陷、人员操作失误	设备爆裂、蒸气泄漏	财产损失、人员伤亡、生产停止	Ⅱ级
淹溺	窒息	焦油池	捞取焦油、焦渣时发生坠落	人员坠池	人员伤亡	Ⅱ级
坍塌	高位能	钢坯及成品钢码装	堆垛不规范	钢坯堆垛倒塌伤人	人员伤亡	Ⅲ级
中毒	化学能	煤气站、加热炉及煤气管道	煤气泄漏	人员接触中毒	人员伤亡	Ⅱ级

2）主要有害因素分析、评价

（1）粉尘。轧钢生产中的粉尘危害主要是燃料供应环节,即煤气站中的煤粉。在煤气站的煤堆场、煤输送的皮带走廊、煤筛选、煤气炉及其废气处理环节都有粉尘产生,工人长期在这种环境下工作,身体将会受到不同程度的损害,严重的还会造成呼吸系统疾病。

（2）噪声。噪声主要来源于轧钢生产线上轧制、剪切、打包吊装等设备。这些设备在运转过程中产生的噪声往往超标,并会造成工人的听力下降。噪声引起听觉功能敏感度下降甚至造成耳聋,或引起神经衰弱、心血管病及消化系统等疾病的高发。噪声干扰、影响信息交流,听不清谈话和信号,促使误操作发生率上升。

(3)高温。在煤气炉、加热炉等处有大量辐射热产生,如不采取有效措施,会危害工人的身体健康。温度是工作环境的重要条件之一,在很多工作场所中,热的危害常被视为严重的问题。在温度过高的热环境下工作,常会因身体不适而助长心情暴躁、愤怒或其他情绪变故,诱使工人动作轻率、不谨慎而导致意外事故。如果在热环境下暴露过度,也会使工人的体力、精力耗尽,而直接产生身体上的病变。高温的危险性包括:人员烫伤、中暑、热衰竭、热痉挛、昏厥、汗疹、暂时性热疲劳。

(4)主要有害因素评价。主要有害因素评价如表12-3所示。

表12-3　主要有害因素的预先危险性分析

危害因素	所处位置	形成伤害原因	伤害情况	结果	危险等级
噪声危害	皮带走廊、风机、轧机、剪切	噪声超标、人员停留时间过长	人员听力受损	听力受损、可能引发操作失误	Ⅱ级
生产性粉尘(煤粉)	煤堆场、煤筛选场所、皮带走廊	设备密闭不良、粉尘逸散	肺组织纤维化	导致人员尘肺病	Ⅱ级
高温	煤气站、加热炉、轧机	保温措施不足人员停留时间过长	人员身体不适	人员中暑、可能引发操作失误	Ⅱ级

2.风险控制

根据小型轧钢的生产系统和生产工艺特点,辨识出系统的主要危险源的位置及其危险有害因素和事故故障类型。通过上述危险因素的具体分析,10项主要危险源中危险性等级为Ⅲ级的6项,危险性等级为Ⅱ级的有4项。说明安全制度管理和职业卫生管理是小型轧钢安全工作的首要重点,硬件设备安全控制的主要性位居第二。目前,我国小型轧钢企业绝大部分是民营企业,有必要强化安全生产管理和职业卫生管理,建立符合各企业实际的安全文化体系。具体采取如下措施:

(1)强化各工种操作人员岗前、岗中安全生产培训,考核合格后才允许持证上岗。

(2)积极落实各岗位的安全权限和责任,将其细化至具有可操作性和有效性,促使每个岗位的操作人员能自发地加强本岗位的隐患排查及管理工作。安全检查是落实企业安全管理目标的重要形式,检查分为两个方面:一方面,企业员工要进行安全自查,以找出事故隐患和其他安全生产问题,提高隐患排查的效率,鼓励先进并给予奖励;另一方面,企业属地政府安全生产监督管理部门有关人员来企业生产场所进行不定期安全检查,及时发现问题,限时解决问题。

(3)加强作业岗位职业危害因素的监测和治理。

(4)加强对各工种操作人员的不定期培训,发现问题及时解决问题,决不遗留问题过夜。

(5)编制事故应急预案,建立突发事件应急救援体系。要强调落实到各工种,具有可操作性。完善救援预案,并组织职工进行学习、演练,提高作业人员对危险源方面的知识,增强作业人员紧急情况下的应急应变能力。

(6)千方百计地升级轧钢设施硬件,积极淘汰落后的、对安全保护不重视或本身就没有安全保护设施的设备。

(7)针对主要有害因素生产性粉尘(煤粉),建立特殊岗位的轮换轮休制度。当吸入性粉尘摄入量达到安全阀值前坚决调离原岗位,永不回原岗位。

(8)针对主要有害因素高噪声和高温,健全个人职业卫生制度,强制性地执行岗位职业卫生保护。如带耳麦既能保护听力,又能提高信息的顺畅传递,将信息衰减降至最低,避免由于信息不畅而导致的事故。

通过对小型轧钢企业存在的危险、有害因素进行了辨识分析,并采用了预先危险分析法(PHA)进行了危险有害因素的分级评价,可以直观判别小型轧钢企业在生产中不同位置存在的危险源,各种危险源引发事故的触发条件,预测各种危险出现可能对安全生产造成的影响,根据其影响的不同程度进行危险等级划分,针对不同危险源的危险等级,结合小型轧钢企业的各种资源情况提出科学可行有效的消除、预防或降低危险的安全对策措施。小型轧钢企业应加强安全生产管理制度建设、管理机构建设,全面落实小型轧钢企业安全生产技术措施和管理措施,最终实现小型轧钢企业全面安全生产。

三、用故障类型及影响分析法进行催化裂化装置危险性分析

催化裂化装置主要由 3 个系统组成,即反应系统或反应再生系统、分馏系统以及吸收稳定系统。其中反应—再生系统是全装置的核心,产品收率的高低由分馏和吸收稳定部分决定。其工艺流程简图如图 12-1 所示。

针对催化裂化装置的各子系统设备的部件可能发生的故障类型,即各类失常状态,从对人的影响大小($F1$)、对系统造成的影响($F2$)、发生频率($F3$)、防止的难易程度($F4$),是否为新设计($F5$)这 5 个方面评价取值,计算致命度点数(CE),确定风险等级。

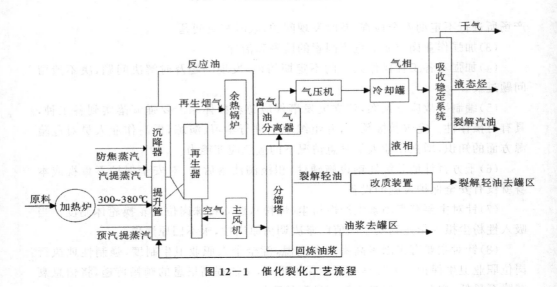

图 12—1 催化裂化工艺流程

　　以下主要针对反应再生系统设备进行故障类型及影响分析,剩余的催化裂化分馏系统设备、吸收稳定系统设备的故障类型及影响分析详见参考文献[22]。催化裂化反应再生系统故障类型及影响分析见表12—4。

表 12—4 反应—再生系统火灾爆炸故障类型及影响分析

子系统	导致结果	触发原因	故障类型	影响及评价						故障等级
				F_1	F_2	F_3	F_4	F_5	C_E	
反应器	催化剂倒流	蒸汽管断裂	断裂	3.0	2.0	0.7	0.7	1.0	2.9	Ⅲ
		蒸汽阀失灵	失灵	3.0	2.0	1.5	1.0	1.0	9.0	Ⅰ
		提升蒸汽管断裂	断裂	5.0	2.0	0.7	0.7	1.0	4.9	Ⅱ
		比例阀失灵	失灵	3.0	2.0	1.5	1.0	1.0	9.0	Ⅰ
		反应器安全系统故障	意外运行	1.0	2.0	1.5	1.0	1.0	3.0	Ⅲ
	提升管事故	提升管裂缝	裂缝	5.0	2.0	0.7	0.7	1.0	4.9	Ⅱ
		提升管破裂	破裂	5.0	2.0	0.7	0.7	1.0	4.9	Ⅱ
	反再管事故	反再管破裂	破裂	3.0	2.0	0.7	1.0	1.0	3.0	Ⅲ
		反再管堵塞	堵塞	3.0	2.0	1.0	1.0	1.0	6.0	Ⅱ

（续表）

子系统	导致结果	触发原因	故障类型	影响及评价						故障等级
				F_1	F_2	F_3	F_4	F_5	C_E	
反应器	再反管事故	再反管破裂	破裂	5.0	2.0	0.7	0.7	1.0	4.9	Ⅱ
		再反管堵塞	堵塞	1.0	1.0	1.5	1.0	1.0	1.5	Ⅲ
	再反阀故障	再反阀打不开	打不开	3.0	2.0	1.5	1.0	1.0	9.0	Ⅰ
		再反阀泄漏	泄漏	1.0	1.0	1.5	1.0	1.0	1.5	Ⅳ
	反再阀故障	反再阀打不开	打不开	3.0	1.0	1.5	1.0	1.0	4.5	Ⅱ
		反再阀关不严	关不严	3.0	1.0	1.5	1.0	1.0	4.5	Ⅱ
		反再阀泄漏	泄漏	1.0	1.0	1.5	1.0	1.0	1.5	Ⅳ
再生器	事故温度超限	再生器泄漏	泄漏	1.0	1.0	1.0	1.0	1.0	1.0	Ⅳ
		高温报警失败或忽视	意外运行	5.0	2.0	0.7	1.0	1.0	7.0	Ⅱ
	再生器事故	紧急喷水和电子点火器失灵	失灵	1.0	1.0	1.0	1.0	1.0	1.0	Ⅳ
		紧急喷水损坏	损坏	3.0	2.0	1.0	1.0	1.0	6.0	Ⅱ
		再生器安全系统故障	意外运行	1.0	2.0	1.0	1.0	1.0	2.0	Ⅳ
	壁厚减薄	催化剂沉积	翼阀堵塞	5.0	2.0	1.0	1.0	1.0	1.0	Ⅰ
		化学腐蚀	腐蚀	3.0	2.0	1.5	1.0	1.0	9.0	Ⅰ
		H_2S 腐蚀	腐蚀	3.0	2.0	1.5	1.0	1.0	9.0	Ⅰ
	燃气供应中断	引火器失灵	失灵	1.0	1.0	1.0	1.0	1.0	1.0	Ⅳ
换热器	管束泄漏	硫腐蚀	腐蚀	1.0	1.0	1.5	1.3	1.0	2.0	Ⅳ
		油含固体成分磨损	磨损	1.0	1.0	1.5	1.0	1.0	1.5	Ⅳ
沉降器	循环量变化	油气结在器壁上,结焦	结焦	1.0	1.0	1.5	1.0	1.0	1.5	Ⅳ

（续表）

子系统	导致结果	触发原因	故障类型	影响及评价						故障等级
				F_1	F_2	F_3	F_4	F_5	C_E	
主风机	主风机联轴节漏油	质量问题	漏润滑油	1.0	1.0	1.5	1.0	1.0	1.5	Ⅳ
	大量高温催化剂流进主风机，造成转子叶片大部分磨损，轴封大部烧坏	停机不当；机出口没有机械单向阀；自保系统不完善，无反逆流联锁自保系统，气压机入口放火炬故障打不开	叶片损坏输送中断	3.0	1.0	1.0	1.0	1.0	3.0	Ⅲ
加热炉	油气泄露	高温作用，腐蚀局部受热	高温腐蚀	5.0	2.0	1.0	1.0	1.0	10	Ⅰ
余热锅炉	炉管破裂	露点腐蚀使炉管损坏	腐蚀	5.0	2.0	1.0	1.0	1.0	10	Ⅰ

由表 12—4 可得如下结论：

（1）反应器、再生器、加热炉、余热锅炉是反应再生系统的关键设备，也是薄弱环节，应重点监测其安全状态及其在役状态。设备的本身故障、元件的失效都会导致事故，使人员遭受侵害。所以应根据改进措施来预防、消除或降低其故障后果。

（2）再生器的腐蚀包括化学腐蚀、硫腐蚀，可能造成壁厚减薄，导致油气泄漏并发生火灾爆炸事故。所以应及时采取措施，消除其潜在故障的发生，从而确保反应再生系统的正常运转。

（3）反应沉降器的结焦也是值得注意的问题，虽然结焦不至于影响装置的非正常停车，但会影响裂解的正常运行，因此应采取措施来降低结焦的程度，改善工艺条件或缩短停留时间等。

四、HAZOP 在煤制甲醇系统中气化炉部分的应用分析

1. 气化炉简介

某煤化工企业甲醇车间所使用的是德士古气化炉，该气化炉是一种以水煤气为进料的加压气流床气化工艺。水煤浆通过喷嘴在高速氧气流的作用下，破碎、雾化喷入气化炉。在炉内氧气和雾状水煤浆受到耐火砖的高温辐射作用下，迅速经

历预热、水分蒸发、煤的干馏、挥发物的裂解燃烧以及碳的气化等一系列复杂的物理、化学过程,最后生成一氧化碳、氢气、二氧化碳和水蒸气为主要成分的湿煤气,熔渣和未反应的碳,一起同向流下,离开反应区,进入炉子底部激冷室水浴,熔渣经淬冷、固化后被截流在水中,落入渣罐,经排渣系统定时排放。其转化为合成气的化学反应如下:

$$C + H_2O \rightarrow CO + H_2 \qquad \triangle H0 = 118.8 \text{ kJ/mol}$$

$$C + 2H_2O \rightarrow CO_2 + 2H_2 \qquad \triangle H0 = 75.2 \text{ kJ/mol}$$

$$CO_2 + C \rightarrow 2CO \qquad \triangle H0 = 162.4 \text{ kJ/mol}$$

2. 确定节点和偏差

根据 HAZOP 分析的流程,分析一个工艺装置或流程时首先要划分节点。本案例在划分 HAZOP 分析部分时,根据 HAZOP 分析的功能和特点,将整个气化装置分为 13 个部分。本书由于篇幅有限,特选取气化炉为分析部分,作为节点。

确定节点后,应根据要素和引导词来确定具有实际意义的偏差,通过对该部分工作原理和流程的分析,选取生产中相关的工艺参数,列出气化炉部分中具有实际意义的偏差,如表 12-5 所示。

表 12-5 气化炉部分偏差表

要素 引导词	无	多	少	伴随	部分	相逆	异常
温度		温度高	温度低				
压力		压力高	压力低				
压差		压差高					
液位		液位高	液位低				

3. 气化炉部分 HAZOP 分析

1)工艺流程描述

来自煤浆槽(浓度为 58%～62%)煤浆,由高压煤浆泵加压,经煤浆上、下游切断阀送至工艺烧嘴的内环隙。空分工段送来的纯度为 99.6% 的氧气,由氧气流量调节阀控制氧气流量,经氧气上、下游切断阀送入工艺烧嘴的中心管和外环隙。水煤浆和氧气经工艺烧嘴充分混合雾化后进入气化炉的燃烧室中,在约 6.5MPa、1350℃ 条件下进行部分氧化反应。生成以 CO 和 H_2 为有效成分的粗合成气。粗合成气和熔融态灰渣一起向下,经过均匀分布激冷水的激冷环沿下降管进入激冷室的水浴中。大部分的熔渣经冷却固化后,落入激冷室底部,粗合成气从下降管和上升管的环隙上升,出激冷室经文丘里管去碳洗塔。在激冷室合成气出口处设有工艺冷凝液冲洗水，以防止灰渣在出口管累积堵塞。

2)HAZOP 分析

根据上文中对 HAZOP 分析步骤和方法的描述，以及分析前的资料准备和 HAZOP 会议的策划，按照要求召集相关人员召开 HAZOP 会议，并根据上文中已得出的有意义偏差，对气化炉部分按步骤进行 HAZOP 分析，如表12-6所示。

表12-6　HAZOP 分析表

序号	偏差	可能原因	后果	现有措施	建议措施
1	燃烧室温度高	①氧气流量增大；②高压煤浆泵打量不足；③煤浆浓度偏低；④喷嘴雾化不好；⑤送气阀关闭，导致系统压力急速上升；⑥温度计误指示	①损坏气化炉炉砖，导致气化炉鼓包；②超温产生泄漏，导致过氧爆炸；③烧坏激冷环、下降管	①降低氧气流量至实际所需氧量；②高压煤浆泵出口流量低低跳车；③监测煤浆分析频次和棒磨机煤浆分析频次；④氧煤比高高延时跳车；⑤系统配有两个安全阀；⑥温度计定期校验；⑦气化炉炉膛温度高报警	检查确认制浆系统运行情况及煤浆泵冲洗水是否漏进煤浆管线；煤浆管线上的冲洗水阀上盲板
2	燃烧室温度低	①氧气流量低；②氧气纯度不够；③煤浆流量高；④投料时炉温低；⑤温度计误指示	下渣口堵，导致拱顶温度升高	①空分装置有氧气流量监测、流量压力自调系统，氧气总流量低低跳车；②空分系统有氧气纯度在线监测仪；③炉温过低时禁止投料；④温度计定期校验	①建议增加氧气流量/煤浆流量比低报警，延时跳车；②建议增加渣口压差高连锁

（续表）

序号	偏差	可能原因	后果	现有措施	建议措施
3	表面温度高	①炉膛温度高；②炉砖烧损严重，炉砖脱落，砖缝窜气；③烧嘴发生偏烧，导致局部高温	气化炉炉壁鼓包变形，严重时导致烧穿，工艺气泄漏，引发着火、中毒	①气化炉炉膛温度高报；②携带便携式红外测温枪每小时巡检1次；③短期停车后对炉砖进行检查，发现烧损及时更换	①建议增加气化炉表面热偶温度380℃时高报警，以便于申请停车；②确认气化炉现场有有毒气体探测声光报警，并考虑提供便携式有毒气体探测器
4	燃烧室压力高	①渣口堵塞；②气化炉后工序流程不畅通，使系统压力升高；③激冷室积渣过多，堵塞下降管	①气化炉相关连接部位泄漏，可能引起着火；②气化炉超压，发生物理爆炸	①渣口压差高报警；②碳洗塔塔盘定期检查清洗；③文丘里压差高报警；④气化炉紧急停炉系统；⑤气化炉与锁斗压差高报警	建议增加渣口压差（气化炉出口合成气与气化炉燃烧室压差）高连锁
5	燃烧室压力低	①与气化炉本体连接的管道、阀门、法兰泄漏；②锁斗排渣系统阀门误动作，气体泄漏；③反应供料煤浆、氧气突然中断	①泄压过快，造成下降管变形、炉砖松动、触媒粉化、塔盘变形等事故；②发生中毒、着火；③降压太快使氧量突然增加，严重时造成气化炉过氧	①现场装有可燃气体报警器；②碳洗塔粗煤气出口压力低报警；③空分装置有氧气流量监测、流量压力自调系统，氧气总流量低低跳车；④高压煤浆泵出口流量低报警，低低跳车	排渣系统连锁在气化操作规程中未明确，建议根据实际情况在操作规程中予以明确
6	出口工艺气与燃烧室压差高	①渣口堵塞；②破渣机入口堵塞；③激冷室出口合成气堵塞；④气化炉液位过高	炉温升高，拱顶超温	①渣口压差高报警；②定时巡检捞渣机出渣量；③气化炉与锁斗压差高报警；④气化炉液位高报警，现场装有就地指示液位计	气化操作规程中未找到渣口压差高连锁相关内容，建议增加渣口压差（气化炉出口合成气与气化炉燃烧室压差）高连锁

（续表）

序号	偏差	可能原因	后果	现有措施	建议措施
7	液位高	①激冷水量过大；②黑水自调阀开度小或排水管线不畅通；③液位计假指示	①工艺气带水，洗涤效果下降，触媒带灰严重；②气化炉压力升高	①气化炉液位高报警，现场装有就地指示液位计；②碳洗塔液位高报警；③黑水排放管道有流量监测低报警；④液位计定期校验、冲洗；⑤气化炉严重排水不畅，考虑减负荷或气化炉停车	气化操作规程重点液位控制中显示气化炉液位高于77.8%报警，与经验值70%不符，建议根据实验测试结果重新修改
8	液位低	①激冷水量小或中断；②气化炉炭黑水系统故障，导致炭黑水排放量过大；③气化炉超高温，蒸发水量过多；④气化炉工艺气带水严重；⑤液位计假指示；⑥锁渣阀泄漏	①工艺气温度高，洗涤效果差，文丘里管堵塞；②激冷室温度高；③气化炉连锁停车；④下降管变形、烧损；⑤无液位时工艺气窜到液相管道造成闪蒸系统超压	①合成气出口温度高高跳车；②激冷水流量低报，激冷水泵自启动；③气化炉有液位监控，现场装有就地指示液位计	锁渣阀长期使用磨损较大，容易泄漏，建议定期检修

4. 结论

　　针对气化炉部分的 HAZOP 分析,共明确 4 个重要工艺参数作为分析要素,通过要素与引导词建立偏差矩阵得出 8 个有意义的偏差。基于偏差分析出 33 条导致偏差的原因,并针对具体原因明确了 36 条现有控制措施。通过 HAZOP 小组讨论,共提出 10 项建议改进措施。

　　通过对气化炉 HAZOP 分析可以得出:燃烧室温度偏高、气化炉表面温度偏高会导致气化炉鼓包,甚至烧穿引起泄漏,在生产使用中应按时监测,严格控制氧气流量和氧煤比。此外,气化炉燃烧室压力偏高可能会引起气化炉压力过高而发生爆炸,在日常生产中应监测渣口压差,并定期清洗相关管件。另外,在 HAZOP

小组讨论中发现在设计中未体现出冬季设计标准,如冬季的防冻措施,有些死角在冬季气温较低时容易发生冻结。

针对发现的气化炉部分设计方面、操作规程及管理上存在的不足,明确了控制或削减措施,有利于提高气化炉使用中的工艺安全水平,企业应针对上述措施建议,采取有效措施予以落实,并进行详细记录。对于未采纳的建议需要进行原因分析,并予以记录。总而言之,由于 HAZOP 的特点,今后会被越来越广泛的应用,企业以及员工应该理解这种方法,并在此基础上进一步使用。

五、基于事件树分析法的油库作业安全风险评估研究

油库输油管线投用一段时间后,由于应力、腐蚀或材料、结构及焊接工艺等方面的缺陷,使用过程中会逐渐产生穿孔、裂纹等,并因外界其他客观原因导致渗漏。在改造与建设进程中也会根据需要,动用电焊、气焊等进行动火补焊、碰接及改造。动火作业是一项技术性强、要求高、难度大、颇具危险性的作业,为了避免发生火灾、爆炸、人身伤亡以及其他作业事故,动火作业必须采取一系列严格有效的安全防护措施。根据相关的管理规定和防火规范,反思事故教训,总结施工经验和体会,在油库输油管线动火作业中进行风险评估是非常重要的。

油库输油管线作业流程和作业要求如下:

(1)在实施动火施工作业前,业务领导和工程技术人员要认真进行实地勘察,特别要注意分析天气、风向、温度对作业的影响。

(2)要针对不同的作业现场和焊、割对象,配备符合一定条件和数量的消防设备和器材,由消防班人员担任动火作业的消防现场值班,消防车停在作业现场担任警戒,消防水带延伸至作业现场,随时做好灭火准备。

(3)实施动火施工过程中应注意油气浓度不在爆炸范围值内,确认油气浓度在爆炸浓度下限 4% 以下后方可动火。

(4)在清空的输油管线上动火,必须用隔离盲板断开与其他油罐(管)的连通,并进行清洗和通风。

(5)使用电焊时,需断开待焊设备与其他储油容器、管道的金属连接。

(6)在清空的储油容器、输油管线上动火作业完毕后还必须进行无损检测,如进行水(气)压试验或超声波探伤。对检查出的焊接缺陷,及时补焊。

油库输油管线动火作业事故教训深刻,轻则造成跑油、冒油、漏油、混油和设施设备损坏,重则造成严重经济损失和人员伤亡。根据表 12-7 对事故类型的分类,油库输油管线动火作业各等级事故均有可能发生。因此,油库输油管线动火作业存在较多风险。基于 ETA 对油库动火作业风险进行评估,有助于明确不同作业环节对作业后果的影响程度,从而能够迅速采取相应的应急响应,有效规避作业风险。

表 12-7　油库作业事故类型、危害指数和事故描述

事故类型	特大事故	重大事故	严重事故	一般事故
危害指数	100	80	50	30
事故描述	重大燃烧、爆炸,造成人员伤亡,或者损失特别严重、影响特别恶劣	着火爆炸,无人员伤亡,造成严重经济损失	严重跑油、冒油、漏油、混油,设施设备损坏,造成直接经济损失 10 万元以上、100 万元以下	轻度跑油、冒油、漏油、混油,设施设备损坏造成直接经济损失 1 万元以上、10 万元以下

根据作业流程和事故分析,构造油库管线动火作业事件树。假定各事件的发生是相互独立的,通过风险辨识、故障树和专家经验分析,计算得出各分支链的后果事件概率如图 12-2 所示。

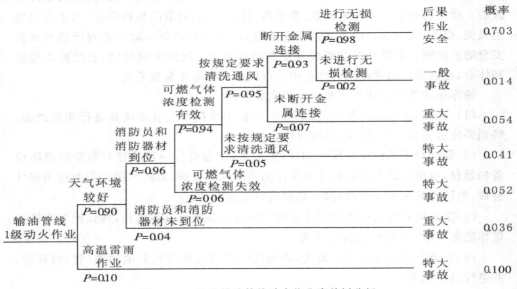

图 12-2　油库输油管线动火作业事件树分析

根据后果事件类型和发生概率,分别计算各后果事件的风险指数,从而明确风险等级,并发布风险警报(见图 12-3)。

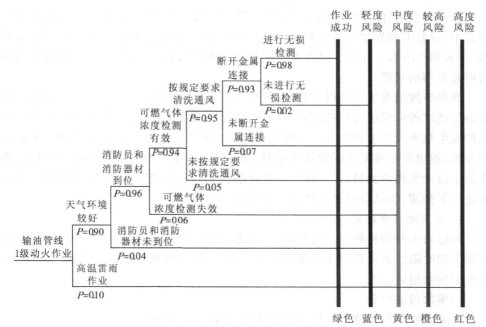

图 12—3　油库输油管线动火作业风险等级和风险警报

基于 ETA 对油库作业安全风险进行评估,对于贯彻落实油库管理各项规章制度,确保油库作业安全,有效防范事故发生,提高应急处置能力具有重要意义。

(1)拓宽防范思路,提高管理效益。在油库作业过程中造成的事故占油库各类事故比例的绝大部分。因此,从油库作业流程入手,分析各种作业行为可能导致的后果,能有效预防和减少作业过程中发生的各类事故,大大提高油库管理效益。

(2)规范作业行为,预防事故发生。人的不安全行为是形成事故的主要因素,具有很大的随机性。油库作业安全风险评估,明确了不同作业环节可能导致的后果,有助于规范操作人员作业行为,有效预防事故发生。

(3)明确风险等级,提高应急能力。用统计分析和数学模型,定量分析不同作业环节可能引发事故的概率,计算风险指数,确定危险等级,发布相应的风险警报,从而采取有效应急处置对策,切实消除事故隐患,防止引发二次事故。

六、液氨泄露事故树分析及风险预测

氨是重要的化工原料,常用于石油冶炼、化肥制造、合成纤维、制革、医药等制造业中。为了贮存和运输的方便,通常采用常温高压或低温加压的方式将氨液化。在氨的生产、运输、贮存中,如遇管道、阀门、储罐等损坏使液氨发生泄漏,极易发生爆炸和人员中毒事故,对环境造成严重危害。

据不完全统计,新中国成立以来我国化工系统发生的 51 起重(特)大典型泄漏事故中,液氨泄漏发生次数居首位,为 8 次;死亡人数与受伤人数均居第 3 位,分别为 42 人和 259 人。无论从事故发生次数还是伤亡人数来看,均应该对液氨泄漏事故引起足够的重视。

泄漏事故的发生是难以预料的,但通过对事故发生的原因事件进行分析,并对泄漏后造成的后果进行模拟预测,采取相应的防范及应急措施,就可以降低泄漏事故的发生概率及产生的危害。下面用事故树分析法对贮存过程中液氨泄漏事故进行分析,找出发生液氨泄漏的基本事件,进而有针对性地提出措施加以预防,达到降低事故发生概率的目的。同时,以甘肃某化肥厂液氨储罐为例,对其泄漏影响范围进行了预测,为风险管理提供了参考依据。

1. 液氨泄漏事故树分析

通过对大量资料的统计分析,发现贮存过程中液氨泄漏事故发生的根源在于管理上的缺陷。当贮存设备出现故障,而同时管理又出现问题,那么泄漏事故发生的概率就会很大。

1)事故树的绘制

以液氨泄漏作为顶上事件绘制事故树,如图 12－4 所示。

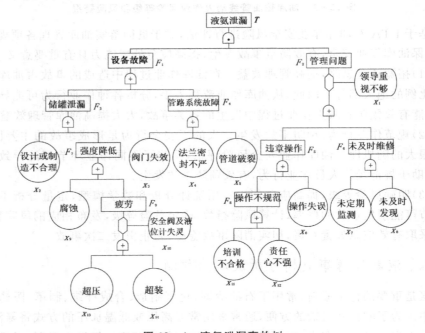

图 12－4　液氨泄漏事故树

2）基本事件结构重要度分析

（1）求最小割集或径集。

根据图 8.6 各事件的逻辑关系，得出液氨泄漏事故树的结构函数如下：

$$T = [x_2 + x_3 + x_4 + x_5 + x_9 + x_{10}(x_{13} + x_{14})]x_1(x_6 + x_7 + x_8 + x_{11} + x_{12})$$

对事故树结构函数进行运算，得到 28 个最小割集和 4 个最小径集，4 个最小径集为：

$$P_1 = \{x_2, x_3, x_4, x_5, x_9, x_{10}\}, P_2 = \{x_2, x_3, x_4, x_5, x_9, x_{13}, x_{14}\}, P_3 = \{x_1\}, P_4 = \{x_6, x_7, x_8, x_{11}, x_{12}\}。$$

（2）求基本事件结构重要度。

由于最小径集的数目比最小割集少，故利用最小径集对液氨泄漏事故树的基本事件结构重要度进行分析。根据下式计算基本事件结构重要度系数：

$$\Phi(j) = \sum_{k=1}^{k} (2^{nr-1})^{-1}$$

式中，$\Phi(j)$——基本事件 j 的结构重要度系数；

n_r——第 r 个包含基本事件 j 的最小割集或最小径集的容量；

K——包含基本事件 j 的最小割集或最小径集的个数。

经计算，液氨泄漏事故各基本事件结构重要度系数如表 12－8 所示。

表 12－8　液氨泄漏各基本事件结构重要度系数

基本事件	x_1	x_2	x_3	x_4	x_5	x_6	x_7	x_8	x_9	x_{10}	x_{11}	x_{12}	x_{13}	x_{14}
$\Phi(j)$	1	$3/2^6$	$3/2^6$	$3/2^6$	$3/2^6$	$1/2^6$	$1/2^6$	$1/2^6$	$3/2^6$	$1/2^6$	$1/2^6$	$1/2^6$	$1/2^6$	$1/2^6$

根据表 12－8，排出液氨泄漏事故各基本事件的结构重要度总顺序为：

$$\Phi(x_1) > \Phi(x_6) = \Phi(x_7) = \Phi(x_8) = \Phi(x_{11}) = \Phi(x_{12}) > \Phi(x_2) = \Phi(x_3) = \Phi(x_4) = \Phi(x_5) = \Phi(x_9) > \Phi(x_{10}) > \Phi(x_{13}) = \Phi(x_{14})$$

3）泄漏事故的防范措施

由以上分析可以看出，在贮存过程中，只有在设备出现故障及管理出现问题同时发生时，液氨泄漏事故才会发生。因此，预防液氨泄漏事故要从两大方面入手。

（1）加大管理力度。总体来看，管理问题中各基本事件的结构重要度系数均大于设备故障系数，因此首先要在管理上来预防事故的发生。

领导在管理中担当着最为重要的角色，因此，领导首先必须对液氨泄漏风险有着清晰的认识，进而才能对风险的管理采取有效措施；制定完善的安全管理制度，安全责任落实到个人；加强对操作人员的岗位培训，提高员工的技能水平及责任心，从而减少因操作失误发生事故的概率；定期对设备进行检查维修，发现问题及时解决。

(2)降低设备故障发生率。在设计及制造液氨储罐阶段,必须选择有资质的设计及制造单位,严把质量关;优选耐腐蚀材料,做好防腐工作;安全阀及液位计要经常检修,避免因超压、超装引起储罐疲劳;液氨管路系统(管道、阀门、法兰等)在高压下工作,易出现腐蚀、破损等,要经常对其进行检修,强度不够时要及时更换。

2. 液氨泄漏预测分析

以甘肃某化肥厂的液氨储罐为例,采用 Risk System 软件,以短时间容许接触浓度(30 mg/m³)及接触 30min 对人体造成重度危害的浓度(1750mg/m³)为指标,对液氨泄漏影响的范围进行分析。

1)初始条件和基本假设

(1)储罐的工艺条件。该厂液氨储罐的工艺参数如下:容积 106m³,温度 20℃,压力 2.3MPa,储量 48 000kg,储罐类型为卧式。

(2)泄漏条件假设。假定液氨储罐管道破裂,破裂口为直径 30mm 的圆形孔,应急能力为 20min 泄漏的液氨全部蒸发。

(3)泄漏速率估算。根据《建设项目环境风险评价技术导则》(HJ/T169－2004)中推荐的液体泄漏模式及假定条件,计算得出液氨泄漏事故发生后的泄漏速率为 5.68kg/s。

2)危害范围预测

(1)气象条件的选择。根据当地多年气象资料统计结果,该地区年静风率较大,全年以稳定状态为主。当风速较小、大气条件稳定时,产生的危害后果更为严重。故选取静风和小风,大气稳定度为 F 作为泄漏预测的天气条件。

(2)预测分析。根据假定的事故状态和选定的气象条件,采用多烟团模式分析液氨泄漏 20min,预测时段为 30min 液氨危害浓度出现的最远距离,得到的结果见表 12－9 所示。

表 12－9　稳定度为 F 时,危害浓度的最远距离

危害浓度(mg/m³)	风速 0.3m/s 时的距(m)	风速 1.4m/s 时的距离(m)
30	416.1	1106
1750	58.9	175.7

由表 12－9 及厂区状况可以得出,液氨泄漏后,在大气条件稳定时,重度危害浓度最远达到了近 200m,主要出现在厂区内;车间短时间容许接触浓度最远达到了近 1.2km。一旦泄漏事故发生,可将这两个值作为安全警戒及紧急疏散距离的参考值。

　　综上可知,引入事故树法对贮存过程中的液氨泄漏风险进行源项分析,找出事故发生的基本事件,并对这些事件进行了结构重要度分析。结果发现,管理问题中基本事件的结构重要度均要大于设备故障。因此,在对事故树的各基本事件提出相应的防范措施时,对管理问题的基本事件提出了较高的要求。

　　以甘肃某化肥厂为例,对液氨泄漏事故树中设备管道破裂致泄漏事故发生的后果进行了模拟预测,计算出了短时间接触容许浓度及对人体产生重度危害浓度出现的最大距离,为应急措施的制定提供了参考依据。

附录一 基本事件的发生概率

事故树的定量分析是在求出各基本事件发生概率的基础上,计算顶上事件发生概率,并依此进行概率重要度分析和临界重要度分析。

基本事件的发生概率主要由构成系统的机械设备的故障概率和人为的失误概率所决定。

一、机械设备的故障概率

1. 可修复系统单元的故障率

系统的故障修复后仍可投入正常运行的一般可修复系统,单元(部件或元件)的故障概率为:

$$q = \frac{MTTR}{MTTR + MTBF}$$

式中,$MTTR$——单元平均修复时间,即从故障起到开始投入运行的平均时间;

$MTBF$——单元平均故障间隔期(亦称平均无故障时间),即从启动到故障平均时间。

通过推导,单元故障概率亦可写为:

$$q = \frac{\lambda}{\lambda + \mu}$$

其中,λ 为元件或单元的故障率,即单位时间(或周期)故障发生的概率,它是元件平均故障间隔期的倒数,即 $\lambda = \frac{1}{MTBF}$。

一般 $MTBF$ 由生产厂家给出,或通过实验室试验得出。它是元件从运行到故障发生时所经历时间 t_i 的算术平均值,即 $MTBF = \sum_{i=1}^{n} t_i / n$。其中,$n$ 为所测元件的个数。元件在实验室条件下测出的故障率为 λ_0 亦即故障率数据库存储的数据。在实际应用时,还必须考虑比实验室条件恶劣的现场因素,适当选择严重系数 k,对 λ_0 进行修正,即

$$\lambda = k \lambda_0$$

μ 为可维修度,它是反映元件或单元维修难易程度的量度,是所需平均修复时

间 τ 的倒数, $\mu = 1/\tau$, 因为 $MTBF >> MTTR$, 故 $\lambda << \mu$, 则

$$q = \frac{\lambda}{\lambda + \mu} \approx \frac{\lambda}{\mu} = \lambda\tau, \text{即 } q \approx \lambda\tau$$

2. 不可修复系统单元的故障率

对于一般不可修复系统,元件或单元的故障概率为:

$$q = 1 - e^{-\lambda t}$$

式中, t——元件的运行时间。

如果把 $e^{-\lambda t}$ 按无穷级数展开,略去后面的高价无穷小,则近似为 $q \approx \lambda t$。

目前,许多工业发达国家都建立了机械设备故障率数据库,用计算机存储和检索,对数据的输入和使用非常方便,为集中进行故障率实验提供了良好的条件,为安全性和可靠性分析提供了极大的方便。

我国也建立了一些故障率数据库,但数据还相当缺乏。必须认识到,安全系统工程的发展及事故树分析的应用,并不是以数据库为前提条件的。现在面临的问题是在没有数据库的情况下来确定故障率,这就存在如何取得故障率数据的问题。

在目前情况下,可以通过系统长期的运行试验,或若干系统平行运行过程粗略地估计平均故障间隔期,其倒数就是所观测对象(元件或部件)的故障率。例如,某元件现场使用条件下的平均故障间隔期为 4000 h,则其故障率为 2.5×10^{-4}/h。

故障率数据举例于附表 1—1。

附表 1—1　故障率数据举例

项　　目	故　障　率（1/h）	
	观　测　值	建　议　值
机械杠杆、链条、托架等	$10^{-6} \sim 10^{-9}$	10^{-6}
电阻、电容、线圈等	$10^{-6} \sim 10^{-9}$	10^{-6}
固体晶体管、半导体	$10^{-6} \sim 10^{-9}$	10^{-6}
电气连接		
焊接	$10^{-7} \sim 10^{-9}$	10^{-8}
螺接	$10^{-4} \sim 10^{-6}$	10^{-5}
电子管	$10^{-4} \sim 10^{-6}$	10^{-5}
热电偶	—	10^{-6}
三角皮带	$10^{-4} \sim 10^{-5}$	10^{-4}
摩擦制动器	$10^{-4} \sim 10^{-5}$	10^{-4}
电(气)动调节阀等	$10^{-4} \sim 10^{-7}$	10^{-5}
继电器、开关等	$10^{-4} \sim 10^{-7}$	10^{-5}
断路器(自动防止故障)	$10^{-5} \sim 10^{-6}$	10^{-5}

项　　目	故　障　率（1/h）	
	观　测　值	建　议　值
配电变压器	$10^{-5} \sim 10^{-8}$	10^{-5}
安全阀（自动防止故障）	—	10^{-6}
安全阀（每次过压）	—	10^{-4}
仪表传感器	$10^{-4} \sim 10^{-7}$	10^{-5}
仪表指示器、记录器、控制器等		
气动	$10^{-3} \sim 10^{-5}$	10^{-4}
电动	$10^{-4} \sim 10^{-6}$	10^{-5}
离心泵、压缩机、循环机	$10^{-3} \sim 10^{-6}$	
电动机、发动机	$10^{-3} \sim 10^{-6}$	10^{-4}
内燃机（汽油机）	$10^{-3} \sim 10^{-6}$	
内燃机（柴油机）	$10^{-3} \sim 10^{-5}$	10^{-4}

二、人为失误概率

人的失误是另一类基本事件。在生产系统中，作为操作者的人是系统的重要组成部分，在系统运行中起主导作用。系统运行中，人的失误是导致事故发生的一个重要原因。人的失误，是指作业者实际完成的功能与系统所要求的功能之间的偏差。人的失误的后果可能以某种形式给系统以不良影响，甚至造成事故。

人在人—机系统中的功能主要是接受信息（输入）、处理信息（判断）和操纵控制机器将信息输出。人在完成这一功能的过程中，由于某种原因，人体感知器官感知错误，判断不准确，导致操作不正确，有可能造成事故，这就是人的失误。人的失误大致有五种情况：①忘记做某项工作；②做错了某项工作；③采取不应采取的工作步骤；④没按程序完成某项工作；⑤没在预定时间内完成某项工作。

人的失误因素很复杂，很多专家、学者对此做过研究。斯文（Swain）和鲁克（Rock）提出了"人的失误率预测法"（THERP），这种方法的分析步骤如下：

（1）调查被分析者的操作程序；

（2）把整个程序分成各个操作步骤；

（3）把操作步骤再分成单个动作；

（4）根据经验或实验，适当选择每个动作的可靠度（见附表1—2）；

（5）求出各个动作的可靠度之积，得到每个操作步骤可靠度。如果各个动作中有相容事件，则按条件概率计算；

(6)求出各操作步骤可靠度之积,得到整个程序的可靠度;

(7)求出整个程序的不可靠度(用 1 减去可靠度),即得到 FTA 所需要的人的失误发生概率。

附表 1—2 人的行为可靠度举例

行 为 类 型	可 靠 度
阅读技术说明书	0.991 8
读取时间(扫描记录仪)	0.992 1
读电流计和流量计	0.994 5
确定多位置电气开关的位置	0.995 7
分析真空管失真	0.996 1
安装鱼形夹	0.996 1
安装垫圈	0.996 2
分析锈蚀和腐蚀	0.996 3
阅读记录	0.996 6
分析凹陷、裂纹和划伤	0.996 7
读压力表	0.996 9
分析老化的防护罩	0.996 9
固定螺母、螺钉和销子	0.997 0
使用垫圈胶合剂	0.997 1
连接电缆(安装螺钉)	0.997 2

人的失误概率受多种因素的影响。如作业的紧迫程度、单调性、人的不安全感、心理状态和生理状况以及周围环境因素等。因此,需要用系数 k 加以修正。

就某一动作而言,其可靠度 R 为:

$$R = R_1 \cdot R_2 \cdot R_3$$

式中,R_1——与输入有关的可靠度,如声、光信号传入人的眼、耳等;

R_2——与判断有关的可靠度,如信号传入大脑并进行判断;

R_3——与输出有关的可靠度,如根据判断作出反应。

R_1、R_2、R_3 的参考值见表附表 1—3。

人的某一动作失误的概率为:

$$q = k (1-R)$$

式中,k——修正系数,$k = a \cdot b \cdot c \cdot d \cdot e$;

附表 1—3　R_1、R_2、R_3 的参考值

类　别	影响因素	R_1	R_2	R_3
简单	变量不超过几个 人机工程上考虑全面	0.999 5～0.999 9	0.999 0	0.9995～0.999 9
一般	变量不超过 10 个	0.999 0～0.999 5	0.995 0	0.999 0～0.999 5
复杂	变量超过 10 个 人机工程上考虑全面	0.990 0～0.999 0	0.990 0	0.9900～0.999 0

a——作业时间系数；

b——操作频率系数；

c——危险状况系数；

d——心理、生理条件系数；

e——环境条件系数。

a、b、c、d、e 的取值见表附表 1—4。

附表 1—4　a、b、c、d、e 的取值范围

符　号	项　目	内　容	取 值 范 围
a	作业时间	有充足的多余时间	1.0
		没有充足的多余时间	1.0～3.0
		完全没有多余时间	3.0～10.0
b	操作频率	频率适当	1.0
		连续操作	1.0～3.0
		很少操作	3.0～10.0
c	危险状况	即使误操作也安全	1.0
		误操作时危险性大	1.0～3.0
		误操作时有产生重大灾害的危险	3.0～10.0
d	心理、生理条件	教育、训练、健康状况、疲劳、愿望等综合条件较好	1.0
		综合条件不好	1.0～3.0
		综合条件很差	3.0～10.0
e	环境条件	综合条件较好	1.0
		综合条件不好	1.0～3.0
		综合条件很差	3.0～10.0

附录二　部分习题解析

一、第三章第 6 题

采用预先危险性分析法对施工过程中存在的危险、有害因素进行分析。

附表 2－1　施工过程预先危险性分析表

单元	编制人员	日期		
潜在危险	触发事件	可能导致的事故	危险等级	防范措施
挖断地下煤气管道,造成煤气泄漏,导致煤气中毒、火灾、爆炸	地下煤气管线状况不清	中毒、火灾、爆炸	Ⅲ－Ⅳ	(1) 查阅相关资料,查明煤气管道分布;无相关资料时,探明地下煤气管线分布状况; (2) 遇有可疑物时,待确认后再挖
挖断地下电缆,导致触电、停电	地下电缆状况不清	(1) 人员触电; (2) 供电系统破坏	Ⅱ－Ⅲ	(1) 查阅相关资料,查明电缆线路分布 (2) 无相关资料时,探明地下电缆线路分布 (3) 遇有可疑物时,待确认后再挖
焊接作业时产生触电、灼烫、辐射、烟尘危害	(1) 通风不良,烟尘积聚; (2) 临时用电线路保护失效	触电、灼烫、辐射、烟尘	Ⅱ	(1) 焊接时选择好作业方位; (2) 临时线路得保护齐全、有效; (3) 加强个体防护
开挖破路后,行人、车辆误入造成伤害	未设警示标识或护栏	行人或车辆跌落伤害	Ⅱ	设置警示标识或护栏
机械伤害	开挖、回填、平整、设备安装过程使用机械设备造成伤害	碰伤或挤伤或扭伤	Ⅱ－Ⅲ	(1) 保持设备完好 (2) 按规定要求作业

二、第四章第 3 题

附表 2－2 空气压缩机的储气罐的故障类型及影响分析表

组成元素	故障类型	故障原因	故障影响	故障识别	防范措施
罐体	轻微漏气	接口不严	能耗增加	漏气噪声、空气压缩机频繁打压	加强维修保护
	严重漏气	焊接裂缝	压力迅速下降	压力表读数减小,巡回检查	停机修理
	破裂	材料缺陷、受冲压等	压力迅速下降、损伤人员和设备	压力表读数减小,巡回检查	停机修理
安全阀	漏气	接口不严、弹簧疲劳	能耗增加、压力下降	漏气噪声、空气压缩机频繁打压	加强维修保护
	错误开启	弹簧疲劳折断	压力迅速下降	压力表读数减小,巡回检查	停机修理
	不能安全泄压	由锈蚀污物等造成	超压时失去安全功能,系统压力迅速增高	压力表读数增大,阀门检验	停机检查更换

三、第四章第 4 题

附表 2—3　DAP 工艺过程对磷酸溶液控制阀门 B 的 FMEA 分析表

元件	失效模式	后果	已有的安全保护措施	建议措施
磷酸溶液管道上的阀门 B。电动机驱动,常开,磷酸介质	全开	过量磷酸溶液送入反应容器;如果氨的进料量也很大,反应器中将产生高温和高压,导致反应器或 DAP 储槽液位升高;产品不符合规格(酸浓度过高)	磷酸溶液管道上装有流量保护器;反应器装有安全阀;操作人员观察 DAP 储槽	安装当磷酸溶液流量高时的报警/停车系统;在反应器上安装当温度和压力高时报警/停车系统在 DAP 储槽上安液位高时报警/停车系统
	关闭	无磷酸溶液送入反应器;氨被带入 DAP 储槽并释放到工作区域	磷酸溶液管道上装有流量保护器;氨检测器和报警器	安装当磷酸溶液流量小时的报警/停车系统;使用封闭的 DAP 储槽或者保证工作区域通风良好
	泄漏(向外)	少量磷酸溢流到工作区域	定期维护;设计的阀门耐酸	确保定期维护和检查该阀门
	破裂	大量磷酸溢流到工作区域	定期维护;设计的阀门耐酸	确保定期维护和检查该阀门

四、第四章第 5 题

附表 2—4　电动机运行系统故障类型及影响分析表

单元	故障类型	故障原因	故障影响	检测方法	故障等级
按钮	接点不闭合	机械故障操作人员未按按钮	继电器接点不闭合,电动机不转,系统功能丧失	按钮行程缩短;听不到按钮按下的声音或声音不正常	I
	接点不断开	机械故障操作人员未按按钮	电动机运转时间过长,短路烧毁熔丝	感觉不到按钮弹起;听不到按钮弹起的声音或声音不正常	II

（续表）

单元	故障类型	故障原因	故障影响	检测方法	故障等级
继电器	接点不闭合	机械故障 按钮接点未闭合	电动机不转,系统功能丧失	听不到继电器吸合声音或声音不正常	Ⅱ
	接点不断开	机械故障 按钮接点未断开 继电器接点粘连未修理	电动机运转时间过长,线圈短路,烧毁熔丝	听不到继电器吸合声音或声音不正常	Ⅲ
熔丝	电动机短路时不熔断	质量问题 熔丝过粗	继电器接点粘连;电机烧毁;火灾	查看熔丝规格;定期检查熔丝	Ⅳ
电动机	不转	质量问题 按钮卡住 继电器接点不闭合	系统功能丧失	观察电动机运转状态	Ⅲ
	线圈短路	质量问题 运转时间过长	烧毁熔丝	观察电动机是否有打火现象	Ⅲ

五、第五章第 5 题

附表 2－5　废气洗涤系统氮气流量 HAZOP 分析工作表

关键词	偏差	原因	后果	措施
多	氮气流量偏高	(1)人为设定失误,通入过量氮气 (2)阀门 B 失效,阀门开度过大	造成废气进料稀释过低,造成氮气浪费	(1)安装备用控制阀 (2)在氮气管线上设流量指示计和压力指示计
少/没有	氮气流量偏低或没有	(1)人为设定失误,通入过少氮气 (2)阀门 B 失效,阀门开度过小 (3)氮气来源不足 (4)管道破损泄漏	严重时不能将废气中的 CO 浓度降至爆炸下限以下,可能引发火灾爆炸事故;在设备内部可能留有有害气体,对作业和维修人员造成伤害	(1)安装备用控制阀 (2)在氮气管线上设流量指示计和压力指示计 (3)NaOH 溶液反应器出口设低流量指示报警器 (4)CO 氧化反应器设温度警报和联锁系统 (5)维修人员在维修过程中必须佩戴呼吸防护器具

（续表）

关键词	偏差	原因	后果	措施
部分	只有一部分氮气	同氮气流量偏低	同氮气流量偏低	同氮气流量偏低
相反	氮气反向流动	（1）氮气源失效导致反向流动 （2）由于背压而倒流	CO燃烧不正常,有可能引起反应失控	（1）在管线上安装止逆阀 （2）安装高温报警器,以警告操作者
其他	除氮气外的其他物质	（1）大气被污染 （2）同 NaOH 或CO、氧气反应	洗涤能力下降,污染大气,甚至反应失控引发爆炸	（1）确保氮气来源可靠 （2）安装止逆阀 （3）安装高温报警器

六、第六章第4题

某储罐有可燃物质,因泄漏引起火灾,进行事件树分析

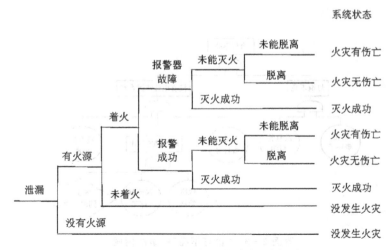

附图 2—1 泄漏引起火灾的事件树分析

七、第六章第 5 题

设火灾检测系统为事件 A，喷淋系统为事件 B。画出其事件树图：

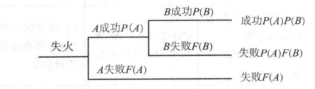

附图 2—2　自动灭火系统的事件树分析

自动灭火成功的概率为：$P(S)=P(A)P(B)=0.99\times0.99=0.9801$；
失败的概率为 $P(F)=1-P(S)=1-0.9801=0.0199$。
根据题意，严重度 $S=95$ 万元，因此，风险率为：
$R=SP(F)=95\times0.0199=1.8905$ 万元。

八、第七章第 2 题

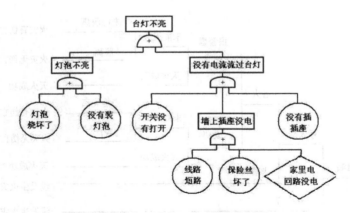

附图 2—3　"台灯不亮"的事故树图

九、第七章第 3 题

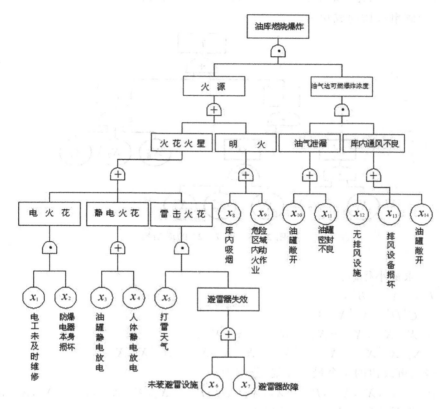

附图 2—4 油库燃烧爆炸事故树图

十、第七章第 5 题

(1)用布尔代数化简法求最小割集：

$T=AB$

$=(C+D)(X_6+X_7+X_8)$

$=[(X_1+X_2)+X_3X_4X_5](X_6+X_7+X_8)$

$=X_1X_6+X_1X_7+X_1X_8+X_2X_6+X_2X_7+X_2X_8+X_3X_4X_5X_6+$

$\quad X_3X_4X_5X_7+X_3X_4X_5X_8$

得到 9 个最小割集，分别为：

$G_1=\{X_1,X_6\}$，$G_2=\{X_1,X_7\}$，$G_3=\{X_1,X_8\}$，$G_4=\{X_2,X_6\}$，

$G_5 = \{X_2, X_7\}, G_6 = \{X_2, X_8\}, G_7 = \{X_3, X_4, X_5, X_6\},$

$G_8 = \{X_3, X_4, X_5, X_7\}, \qquad G_9 = \{X_3, X_4, X_5, X_8\}$

（2）画事故树的成功树。

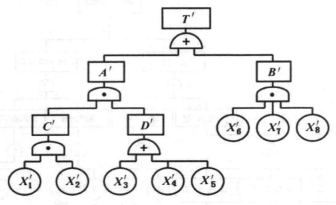

附图 2—5　图 7—21 的成功树

（3）求最小径集：

$T' = A' + B'$

$= C'D' + X_6{}'X_7{}'X_8{}'$

$= X_1{}'X_2{}'(X_3{}' + X_4{}' + X_5{}') + X_6{}'X_7{}'X_8{}'$

$= X_1{}'X_2{}'X_3{}' + X_1{}'X_2{}'X_4{}' + X_1{}'X_2{}'X_5{}' + X_6{}'X_7{}'X_8{}'$

得到事故树的 4 个最小径集，分别为：

$P_1 = \{X_1, X_2, X_3\}, P_2 = \{X_1, X_2, X_4\}, P_3 = \{X_1, X_2, X_5\}, P_4 = \{X_6, X_7, X_8\}$

（4）以最小径集表示的等效树为：

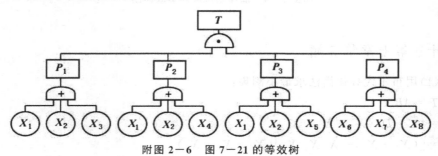

附图 2—6　图 7—21 的等效树

十一、第七章第 6 题

（1）由已知条件可得知其结构函数式为：

$T = (x_1 + x_2 + x_3) \cdot (x_4 + x_5) \cdot x_6$

其顶上事件发生概率函数式为：

$Q = [1 - (1 - q_1)(1 - q_2)(1 - q_3)][1 - (1 - q_4)(1 - q_5)] q_6$

则顶上事件发生概率为：

$Q = [1 - (1 - 0.005) \times (1 - 0.001) \times (1 - 0.001)] \times [1 - (1 - 0.2) \times (1 - 0.8)]$

≈ 0.0059

（2）各基本事件概率重要系数为：

$I_g(1) = \dfrac{\partial Q}{\partial q_1} = (1 - q_2)(1 - q_3)(q_4 + q_5 - q_4 q_5) q_6 = 0.838$

同理可得：$I_g(2) = I_g(3) = 0.834; I_g(4) = 0.001; I_g(5) = 0.006; I_g(6) = 0.938$

（3）各基本事件的临界重要系数为：

$I_c(1) = \dfrac{q_1}{Q} I_g(1) = 0.710$

同理可得：$I_c(2) = I_c(3) = 0.142; I_c(4) = 0.050; I_c(5) = 0.759; I_c(6) = 159.0$

十二、第七章第 7 题

（1）绘制事故树

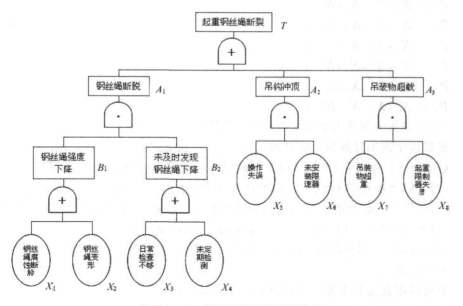

附图 2-7　起重钢丝绳断裂事故树

（2）最小割集计算：

$$T = A_1 + A_2 + A_3$$
$$= B_1 B_2 + X_5 X_6 + X_7 X_8$$
$$= (X_1 + X_2)(X_3 + X_4) + X_5 X_6 + X_7 X_8$$
$$= X_1 X_3 + X_1 X_4 + X_2 X_3 + X_2 X_4 + X_5 X_6 + X_7 X_8$$

则最小割集有 6 个，即 $K_1 = \{X_1, X_3\}$；$K_2 = \{X_1, X_4\}$；$K_3 = \{X_2, X_3\}$；$K_4 = \{X_2, X_4\}$；$K_5 = \{X_5, X_6\}$；$K_6 = \{X_7, X_8\}$。

（3）最小径集计算：

$$T' = A_1' \cdot A_2' \cdot A_3'$$
$$= (B_1' + B_2')(X_5' + X_6')(X_7' + X_8')$$
$$= (X_1' X_2' + X_3' X4')(X_5' + X_6')(X_7' + X_8')$$
$$= (X_1' X_2' X_5' + X_1' X_2' X_6' + X_3' X_4' X_5' + X_3' X_4' X_6')(X_7' + X_8')$$
$$= X_1' X_2' X_5' X_7' + X_1' X_2' X_6' X_7' + X_3' X_4' X_5' X_7' + X_3' X_4' X_6' X_7' + X_1' X_2' X_5' X_8' + X_1' X_2' X_6' X_8' + X_3' X_4' X_5' X_8' + X_3' X_4' X_6' X_8'$$

则事故树的最小径集为 8 个，即

$$P_1 = \{X_1, X_2, X_5, X_7\};$$
$$P_2 = \{X_1, X_2, X_5, X_8\};$$
$$P_3 = \{X_1, X_2, X_6, X_7\};$$
$$P_4 = \{X_1, X_2, X_6, X_8\};$$
$$P_5 = \{X_3, X_4, X_5, X_7\};$$
$$P_6 = \{X_3, X_4, X_5, X_8\};$$
$$P_7 = \{X_3, X_4, X_6, X_7\};$$
$$P_8 = \{X_3, X_4, X_6, X_8\};$$

（4）吊装物坠落伤人事故发生的概率计算：

根据最小割集计算顶上事件的概率：

$$Q = 1 - (1 - q_{k1})(1 - q_{k2})(1 - q_{k3})(1 - q_{k4})(1 - q_{k5})(1 - q_{k6})$$
$$= 1 - (1 - q_1 q_3)(1 - q_1 q_4)(1 - q_2 q_3)(1 - q_2 q_4)(1 - q_{k5})(1 - q_{k6})$$
$$= 1 - (1 - q_1 q_3 - q_1 q_4 + q_1 q_3 q_4)(1 - q_2 q_3 - q_2 q_4 + q_2 q_3 q_4)(1 - 0.1 \times 0.1)^2$$
$$= 1 - (1 - 0.01)^2 (1 - 4 q_2 q_3 + 4 q_2 q_3 q_4 - q_1 q_2 q_3 q_4)$$
$$= 1 - 0.99^2 \times (1 - 0.04 + 0.004 - 0.0001)$$
$$\approx 0.0553$$

也可以用直接分步算法计算顶上事件的概率：

$$P_{B1} = (1 - q_1)(1 - q_2) = 0.19$$
$$P_{B2} = (1 - q_3)(1 - q_4) = 0.19$$

$$P_{A1} = P_{B1} \times P_{B2} = 0.19 \times 0.19 = 0.0361$$
$$P_{A2} = q_5 q_6 = 0.01$$
$$P_{A3} = q_7 q_8 = 0.01$$
$$Q = 1 - (1 - P_{A1})(1 - P_{A2})(1 - P_{A3}) \approx 0.0553$$

十三、第八章第 2 题

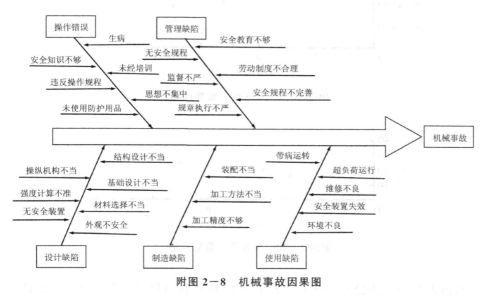

附图 2-8　机械事故因果图

十四、第九章第 10 题

1)火灾爆炸指数确定

(1)单元工艺危险系数 $F_3 = F_1 \times F_2 = 2.70 \times 2.45 = 6.615$

(2)物质系数 MF 确定

汽油 $MF = 16$,原油 $MF = 16$,柴油 $MF = 10$。取最高值 $MF = 16$

(3)火灾爆炸指数 $F\&EI = F_3 \times MF = 6.615 \times 16 = 105.84$

火灾爆炸危险等级属于中等。

2)最大可能财产损失计算

基本 $MPPD = 450 \times 0.82 \times 1 \times 0.5 = 184.5$ 万元

实际 $MPPD = 184.5 \times 0.45 = 83$ 万元

十五、第十章第 5 题

1)模型建立

根据表 10－6 绘制出的年死亡人数与年煤炭产量散点图分别如附图 2－9 和附图 2－10 所示。

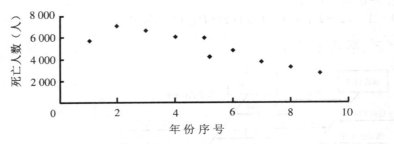

附图 2－9　年死亡人数散点图

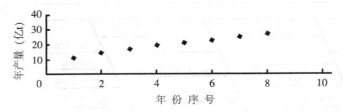

附图 2－10　年煤炭产量散点图

根据表 10－6,由公式 10－9 和表 10－10 得到我国煤炭行业年死亡人数的一元线性回归模型参数 a、b 的值分别为 7 608.94 和－501.7,则我国煤炭行业年死亡人数的一元线性回归模型为

$$y_1 = 7608.94 - 501.7x \qquad (1)$$

根据表 10－6,由公式 10－9 和 10－10 得到我国煤炭行业年煤炭产量的一元线性回归模型参数 a、b 的值分别为 13.36 和 1.65,$y_2 = 13.36 + 1.65x$ 则我国煤炭行业年煤炭产量的一元线性回归模型为

$$y_2 = 13.36 + 1.65x \qquad (2)$$

2)预测精度检验

由公式 10－11 得到我国煤炭行业年死亡人数和年煤炭产量的一元线性模型检验相关系数分别为 $r_1 = 0.837$,$r_2 = 0.926$。

相关系数 r_1 和 r_2 均接近于 1,说明实际数据变化趋势与式(1)、式(2)的预测趋势符合程度比较大。由此可知,采用式(1)、式(2)预测的我国煤炭行业未来年死亡人数与年煤炭产量具有较大的参考价值。

3)未来 3 年我国煤矿死亡人数的预测

　　将 $x=10$、11 和 12 代入式（1），可以预测出 2010 年、2011 年和 2012 年全国煤炭行业年死亡人数分别为 2 592 人、2 090 人和 1 589 人，即未来 3 年我国煤炭行业年死亡人数呈整体下降趋势。将 $x=10$、11 和 12 代入式（2），可以预测出 2010 年、2011 年和 2012 年我国煤炭行业年煤炭产量分别为 29.76 亿 t、3 1.46 亿 t 和 33.16亿 t，即未来 3 年我国煤炭总产量呈增长趋势。

　　4）预测结果分析

　　预测结果：未来 3 年内我国煤炭年产量呈递增趋势，而我国煤矿的年死亡人数呈递减趋势。从预测结果可看出，在煤炭年产量逐年增加的前提下，我国煤炭年死亡人数却逐年减少，说明我国煤炭行业随着开采技术的提高，安全技术和措施也在不断地提高和完善，其安全效益已开始逐步显现。

十六、第十一章第 7 题

1）画决策树图

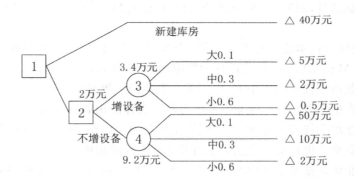

附图 2—11　决策树图

　　2）计算各方案期望值

　　（1）增设备"3"点：$V_3 = 5 \times 0.1 + 2 \times 0.3 + 0.6 \times 0.5 + 2 = 3.4$ 万元

　　（2）不增设备"4"点：$V_4 = 50 \times 0.1 + 10 \times 0.3 + 2 \times 0.6 = 9.2$ 万元

　　3）进行决策选择方案

　　根据计算出的期望值看出，不采取任何措施，发生火灾后损失大。所以第一层次决策应先采取增加消防器材装备。由于重新另建库房投资费用太高需 40 万元，还是以暂不新建为好。因此最后选定的决策方案应是暂不新建库房，但需增加消防器材装备，以减少一旦发生火灾时的损失，这样选定方案整体效益最佳。

参考文献

[1] 林柏泉,张景林.安全系统工程[M].北京:中国劳动社会保障出版社,2007.

[2] 谢振华.安全系统工程[M].北京:冶金工业出版社,2010.

[3] 樊运晓,罗云.系统安全工程[M].北京:化学工业出版社,2009.

[4] 汪元辉.安全系统工程[M].天津:天津大学出版社,1999.

[5] 邵辉.系统安全工程[M].北京:石油工业出版社,2008.

[6] 徐志胜.安全系统工程[M].北京:机械工业出版社,2007.

[7] 张景林,崔国璋.安全系统工程[M].北京:煤炭工业出版社,2002.

[8] 邓奇根,高建良,刘明举.安全系统工程(双语)[M].徐州:中国矿业大学出版社,2011.

[9] 中国就业培训技术指导中心,中国安全生产协会组织.安全评价师第2版(基础知识)[M].北京:中国劳动社会保障出版社,2010.

[10] 中国就业培训技术指导中心,中国安全生产协会组织.安全评价师第2版(国家职业资格一级)[M].北京:中国劳动社会保障出版社,2010.

[11] 中国就业培训技术指导中心,中国安全生产协会组织.安全评价师第2版(国家职业资格二级)[M].北京:中国劳动社会保障出版社,2010.

[12] 中国就业培训技术指导中心,中国安全生产协会组织.安全评价师第2版(国家职业资格三级)[M].北京:中国劳动社会保障出版社,2010.

[13] 沈斐敏.安全系统工程理论与应用[M].北京:煤炭工业出版社,2001.

[14] 胡毅亭,陈网桦,卫延安.安全系统工程[M].南京:南京大学出版社,2009.

[15] 田宏.安全系统工程[M].北京:中国质检出版社,2014.

[16] 邓琼.安全系统工程[M].西安:西北工业大学出版社,2009.

[17] 秦彦磊,陆愈实,王娟.系统安全分析方法的比较研究[J].中国安全生产科学技术,2006,02(03):64-67.

[18] 陈宝智.系统安全评价与预测[M].北京:冶金工业出版社,2011.

[19] 王文才,乔旺,王瑞智,李刚.基于一元线性回归的中国煤炭行业年死亡人数与年煤炭产量的预测研究[J].工矿自动化,2010(12):27-30.

[20] 姚有利等.安全检查表分析法在矿井评价中的应用[J].煤矿安全,2004,35(12):52-54.

[21] 董丽娟,谭丽君.预先危险性分析在小型轧钢企业危险源安全预评价中的应用[J].科技纵横,2009(05):154-155.

[22] 刘向宏,潘丽芳,魏朋丽.用故障类型及影响分析法进行催化裂化装置危险性分析[J].辽宁化工,2010,39(05):531-534.

[23] 耿秋丽,陈全.HAZOP 在煤制甲醇系统中气化炉部分的应用分析[J].天津理工大学学报,2013,29(01):61-64.

[24] 张悦,石超,方来华.基于 FMEA 和 HAZOP 的综合分析方法及应用研究[J].中国安全生产科学技术,2011,07(07):146-150.

[25] 王智源,来国伟,王峰,王志明.基于事件树分析法的油库作业安全风险评估研究[J].石油库与加油站,2010,19(05):31-35.

[26] 杜喜臣,蔡敏琦.液氨泄漏事故树分析及风险预测[J].环境工程学报,2008,02(10):1430-1432.

[27] 赖朝庆.环氧乙烷/乙二醇装置氧化单元安全评价[J].安全、健康和环境,2003,03(08):35-37.